中国编辑学会组编

中国科技之路

电力卷

中宣部主题出版
重点出版物

U0168888

电力高速

本卷主编 陈维江

中国电力出版社
CHINA ELECTRIC POWER PRESS

内 容 提 要

本书是《中国科技之路》丛书十五卷之一。

本书从科技发展的角度，选取有代表性的重大技术和重大工程，展示了中国电力设施高速发展、电力技术高速进步、电力装备高端崛起的成就，体现了电力科技发展有力地支撑我国经济社会发展的价值。内容主要包括电力发展彰显中国速度、电力纵横天下、电力科技高峰、电力美好未来。全书语言通俗易懂，具有较强的科学性、知识性、可读性，是了解电力知识和电力科技发展的科普读物。

中国科技之路 电力卷 电力高速
ZHONGGUO KEJI ZHILU DIANLI JUAN DIANLIGAOSU

图书在版编目（CIP）数据

中国科技之路 . 电力卷 . 电力高速 / 中国编辑学会组编；陈维江本卷主编 . — 北京：中国电力出版社，2021.6

ISBN 978-7-5198-5630-4

Ⅰ. ①中… Ⅱ. ①中… ②陈… Ⅲ. ①技术史 – 中国 – 现代②特高压输电 – 输电技术 – 技术史 – 中国 – 现代 Ⅳ. ① NO92 ② TM723–092

中国版本图书馆 CIP 数据核字 (2021) 第 093902 号

出版发行：中国电力出版社
地　　址：北京市东城区北京站西街 19 号（邮政编码 100005）
网　　址：http://www.cepp.sgcc.com.cn
责任校对：黄　蓓　常燕昆
装帧设计：张俊霞
责任印制：石　雷

印　　刷：北京盛通印刷股份有限公司
版　　次：2021 年 6 月第一版
印　　次：2021 年 6 月北京第一次印刷
开　　本：720 毫米 ×1000 毫米　16 开本
印　　张：15.5
字　　数：180 千字
定　　价：100.00 元

《中国科技之路》编委会

《中国科技之路》出版工作委员会

电力卷编委会

主　编： 陈维江

编写组：（按姓氏笔画排序）

马　静	马淑范	王春娟	王蔓莉	邓慧都	石　雪
匡　野	刘　薇	刘士礼	刘汝青	闫姣姣	安小丹
杨　扬	杨伟国	杨敏群	肖　敏	宋红梅	张富梅
陈　倩	苗唯时	赵　杨	赵鸣志	钟　瑾	黄晓华
曹　荣	崔素媛	梁　瑶	景天竹	谭学奇	翟巧珍

审　稿：（按姓氏笔画排序）

华　峰	刘广峰	李建光	李建华	肖　兰	何　郁
张彦涛	张博庭	单葆国	赵临云	赵振宁	胡顺增
袁　薇	黄越辉	缪德明	冀瑞杰		

编　辑：（按姓氏笔画排序）

马　丹	王春娟	闫姣姣	匡　野	刘　薇	肖　敏
苗唯时	赵　杨	娄雪芳	莫冰莹	黄晓华	雍志娟

做好科学普及，是科学家的责任和使命

中国科技事业在党的领导下，走出了一条中国特色科技创新之路。从革命时期高度重视知识分子工作，到新中国成立后吹响"向科学进军"的号角，到改革开放提出"科学技术是第一生产力"的论断；从进入新世纪深入实施知识创新工程、科教兴国战略、人才强国战略，不断完善国家创新体系、建设创新型国家，到党的十八大后提出创新是第一动力、全面实施创新驱动发展战略、建设世界科技强国，科技事业在党和人民事业中始终具有十分重要的战略地位、发挥了十分重要的战略作用。党的十九大以来，党中央全面分析国际科技创新竞争态势，深入研判国内外发展形势，针对我国科技事业面临的突出问题和挑战，坚持把科技创新摆在国家发展全局的核心位置，全面谋划科技创新工作。通过全社会共同努力，重大创新成果竞相涌现，一些前沿领域开始进入并跑、领跑阶段，科技实力正在从量的积累迈向质的飞跃，从点的突破迈向系统能力提升。

科技兴则民族兴，科技强则国家强。2016 年 5 月 30 日，习近平总书记在"科技三会"上指出："科技创新、科学普及是实现创新发展的两翼，要把科学普及放在与科技创新同等重要的位置"，希望广大科技工作者以提高全民科学素质为己任，"在全社会推动形成讲科学、爱科学、学科学、用科学的良好氛围，使蕴藏在亿万人民中间的创新智慧充分释放、创新力量充分涌流"。站在"两个一百年"奋斗目标历史交汇点上，我国正处于加快实现科技自立自强、建设世界科技强国的伟大征程中。在新的发展阶段，做好科学普及、提升公民科学素质、厚植科学文化，既是建设世界科技强国的迫切需要，也是中国科学家义不容辞的社会责任和历史使命。

为此，中国编辑学会组织 15 家中央级科技出版单位共同策划，邀请各领域院士和专家联合创作了《中国科技之路》科普图书。这套书以习近平新时代中国特色社会主义思想为指导，以反映新中国科技发展成就为重点，以文、图、音频、视频相结合的直观呈现形式为载体，旨在激励全国人民为努力实现中华民族伟大复兴的中国梦而奋斗。《中国科技之路》于 2020 年列入中宣部主题出版重点出版物选题，分为总览卷、信息卷、交通卷、建筑卷、卫生卷、中医药卷、核工业卷、航天卷、航空卷、石油卷、海洋卷、水利卷、电力卷、农业卷、林草卷共 15 卷，相关领域的两院院士担任主编，内容兼具权威性和普及性。《中国科技之路》力图展示中国科技发展道路所蕴含的文化自信和创新自信，激励我国科技工作者和广大读者继承与发扬老一辈科学家胸怀祖国、服务人民的优秀品质，不负伟大时代，矢志自立自强，努力在建设科技强国实现复兴伟业的征程中作出更大贡献。

侯建国

中国科学院院士

《中国科技之路》编委会主任

2021 年 6 月

科技开辟崛起之路　出版见证历史辉煌

2021 年是中国共产党百年华诞。百年征程波澜壮阔，回首一路走来，惊涛骇浪中创造出伟大成就；百年未有之大变局，我们正处其中，踏上漫漫征途，书写世界奇迹。如今，站在"两个一百年"的历史交汇点上，"十三五"成就厚重，"十四五"开局起步，全面建设社会主义现代化国家新征程已经启航。面向建设科技强国的伟大目标，科技出版人将与科技工作者一起奋斗前行，我们感到无比荣幸。

2021 年 3 月，习近平总书记在《求是》杂志上发表文章《努力成为世界主要科学中心和创新高地》，他指出："科学技术从来没有像今天这样深刻影响着国家前途命运，从来没有像今天这样深刻影响着人民生活福祉""中国要强盛、要复兴，就一定要大力发展科学技术，努力成为世界主要科学中心和创新高地。我们比历史上任何时期都更接近中华民族伟大复兴的目标，我们比历史上任何时期都更需要建设世界科技强国！"在这样的历史背景下，科学文化、创新文化及其所形成的科普、科学氛围，对于提升国民的现代化素质，对于实施创新驱动发展战略，不仅十分重要，而且迫切需要。

中国编辑学会是精神食粮的生产者，先进文化的传播者，民族素质的培育者，社会文明的建设者。普及科学文化，努力形成创新氛围，让科学理论之弘扬与科学事业之发展同步，让科学文化和科学精神成为主流文化的核心内涵，推出高品位、高质量、可读性强、启发性深的科技出版物，这是一条举足轻重的发展路径，也是我们肩负的光荣使命，更是国际竞争对我们的强烈呼唤。秉持这样的初心，中国编辑学会在 2019年 7 月召开项目论证会，确定以贯彻落实党和国家实施创新驱动发展战略、建设科技强国的重大决策为切入点，编辑出版一套为国家战略所必需、为国民所期待的精品力作，展现我国科技实力，营造浓厚科学文化氛围。随后，中国编辑学会组织了半年多的调研论证，经过数番讨论，几易方案，终于在 2020 年年初决定由中国编辑学会主持策划，由学会科技读物编辑专业委员会具体实施，组织人民邮电出版社、科学出版社、中国水利水电出版社等 15 家出版社共同打造《中国科技之路》，以此向中国共产党成立 100 周年献礼。2020 年 6 月，《中国科技之路》入选中宣部 2020 年主题出版重点出版物。

《中国科技之路》以在中国共产党领导下，我国科技事业壮丽辉煌的发展历程、主要成就、关键节点和历史意义为主题，全面展示我国取得的重大科技成果，系统总结我国科技发展的历史经验，普及科技知识，传递科学精神，为未来的发展路径提供重要启示。《中国科技之路》服务党和国家工作大局，站在民族复兴的高度，选择与国计民生息息相关的方向，呈现我国各行业有代表性的高精尖科研成果，共计 15 卷，包括总览卷、信息卷、交通卷、建筑卷、卫生卷、中医药卷、核工业卷、航天卷、航空卷、石油卷、海洋卷、水利卷、电力卷、农业卷和林草卷。

今天中国的科技腾飞、国泰民安举世瞩目，那是从烈火中锻来、向薄冰上履过，其背后蕴藏的自力更生、不懈创新的故事更值得点赞。特别是在当今世界，实施创新驱动发展战略决定着中华民族前途命运，全党全社会都在不断加深认识科技创新的巨大作用，把创新驱动发展作为面向未来的一项重大战略。基于这样的认识，《中国科技之路》充分梳理挖掘历史资料，在内容结构上既反映科技领域的发展概况，又聚焦有重大影响力的技术亮点，既展示重大成果、科技之美，又讲述背后的奋斗故事、历史经验。从某种意义上来说，《中国科技之路》是一部奋斗故事集，它由诸多勇攀高峰的科研人员主笔书写，浸透着科技的力量，饱含着爱国的热情，其贯穿的科学精神将长存在历史的长河中。这就是"中国力量"的魂魄和标志！

《中国科技之路》的出版单位都是中央级科技类出版社，阵容强大；各卷均由中国科学院院士或者中国工程院院士担任主编，作者权威。我们专门邀请了著名科技出版专家、中国出版协会原副主席周谊同志以及相关领导和专家作为策划，进行总体设计，并实施全程指导。我们还成立了《中国科技之路》编委会和出版工作委员会，组织召开了20多次线上、线下的讨论会、论证会、审稿会。诸位专家、学者，以及15家出版社的总编辑（或社长）和他们带领的骨干编辑们，以极大的热情投入到图书的创作和出版工作中来。另外，《中国科技之路》的制作融文、图、音频、视频、动画等于一体，我们期望以现代技术手段，用创新的表现手法，最大限度地提升读者的阅读体验，并将之转化成深邃磅礴的科技力量。

2016 年 5 月，习近平总书记在哲学社会科学工作座谈会上发表讲话指出，自古以来，我国知识分子就有"为天地立心，为生民立命，为往圣继绝学，为万世开太平"的志向和传统。为世界确立文化价值，为人民提供幸福保障，传承文明创造的成果，开辟永久和平的社会愿景，这也是历史赋予我们出版工作者的光荣使命。科技出版是科学技术的同行者，也是其重要的组成部分。我们以初心发力，满含出版情怀，聚合 15 家出版社的力量，组建科技出版国家队，把科学家、技术专家凝聚在一起，真诚而深入地合作，精心打造了《中国科技之路》，旨在服务党和国家的创新发展战略，传播中国特色社会主义道路的有益经验，激发全党、全国人民科研创新热情，为实现中华民族伟大复兴的中国梦提供坚强有力的科技文化支撑。让我们以更基础更广泛更深厚的文化自信，在中国特色社会主义文化发展道路上阔步前进！

中国编辑学会会长

《中国科技之路》编委会主任

2021 年 6 月

本卷前言

电，马克思称之为"大得无比的革命力量"，推动了第二次工业革命，使人类社会从"蒸汽时代"迈入"电气时代"。电力的应用不仅是现代化的重要标志之一，而且对人类社会的经济、政治、文化、军事、科技和生产力发展产生了深远的影响，使社会面貌发生了翻天覆地的变化。

电力工业是将化石能源、核能、水能、风能、太阳能等一次能源经发电设施转换成二次能源——电能，再通过输电、变电与配电系统供给用户的基础产业，是国家工业体系的重要组成部分。电力工业是技术密集型产业，一部电力工业发展史，就是通过科学技术不断进步，将一次能源高效、清洁、经济地转换为电能并广泛利用的历史。

1882年7月26日，中国电力工业诞生，从此，具有五千年悠久文明历史的中华大地开启了曲折漫长而又波澜壮阔的电气化进程。1949年，新中国成立前，电力工业装机容量仅有185万千瓦，人均年用电量不足8千瓦·时。

新中国电力工业在中国共产党的领导下，经过几代电力工作者的不断努力奋斗，从小到大、从弱到强，通过引进、消化、吸收、创新，从追赶、并跑到赶超，甚至部分领域领跑。2020年，中国电力装机容量22亿千瓦，人均年用电量超过5400千瓦·时。中国已成为全球装机容量和发电量第一、新能源并网容量最大、输电线路最长、运行电压最高的国家，形成了以超超临界发电、大型水电工程建设、三代核电、新能源开发利用、特高压交直流输电、电力系统稳定控制、智能电网等重大技术和重大工程、重大装备为代表的大国重器，从电力大国迈向电力强国。经济发展，电力先行，中国电力工业的快速进步，犹如发动机强劲的引擎，有力推动了中国经济社会步入高速发展的快车道。

随着中国经济的发展，以及电气化和新型城镇化建设进程的加快，电力需求将保持刚性增长。从2020年到2035年，电能占终端能源消费比重将从27%增长到近40%，全社会用电量将增加70%，人均用电量将增加近50%。绿色低碳将成为人们追求的生活方式，电气化、自动化、智能化成为趋势，一个更加灿烂的新电气化时代正向我们走来！

2020年9月22日，习近平主席在第七十五届联合国大会一般性辩论上宣布，中国将提高国家自主贡献力度，采取更加有力的政策和措施，二氧化碳排放力争于2030年前达到峰值，努力争取2060年前实现碳中和。"碳达峰、碳中和"目标的实现，对电力系统将是一次深刻的革命，将推动以新能源为主体的新型电力系统的建设。未来的新型电力系统，将是包括新能源为主体的电源结构、高弹性的数字化和智能化电网、源网荷储多元互动、以电为中心的综合能源服务体系，通过统一高效、有机协调的电力市场，实现电力系统各个环节的紧密连接、有序稳定运行，为经济社会发展提供源源不断的动力。

在中国共产党迎来百年华诞之际，中国编辑学会组织15家国内关键领域的国家级科技出版社，共同出版《中国科技之路》丛书，系统展示在党的领导下，不同领域在重大科技成果方面取得的辉煌成就。《电力高速》是《中国科技之路》丛书的电力卷。《电力高速》从科技发展的角度，展示了在党的领导下，中国电力工业经过70多年建设，特别是改革开放40多年发展，电力设施高速发展、电力技术高速进步、电力装备高端崛起的壮举和成就，彰显了中国创新和中国速度。

《电力高速》从2020年7月起笔，于2021年5月成稿，从大纲的反复推敲到内容数易其稿，饱含了大家对中国电力高速发展的切身体悟和对电力行业的真情实感。中国科学院陈维江院士对本书进行了整体设计、悉心指导和耐心审改，电力行业专家学者对本书提出了宝贵意见，行业人士为本书写作提供了素材和数字资源，在此表示衷心感谢！还要感谢本书所引图片的作者，由于难以联系而无法付费，敬请作者与出版社联系。

编　者

2021年6月

目录

电力发展彰显中国速度

THE ROAD OF SCIENCE AND TECHNOLOGY IN CHINA

2021年2月15日，极寒天气横扫美国南部，导致被称为"孤星之州"的美国得克萨斯州（简称得州）发生大停电，成为风雪中一颗真正的"孤星"。得州被迫限电1650万千瓦，450多万用户遭遇停水停电。断电也导致了火灾和中毒事故频发。休斯敦地区一家四口在使用壁炉取暖时失火身亡，在哈里斯县（Harris County），一地就报告了300多起一氧化碳中毒事件。在供需的极端不平衡下，得州电价疯狂飙升，批发电价甚至突破了1万美元/（兆瓦·时），相当于65元人民币/（千瓦·时）。能源和电力专家深入分析，这与得州电力系统中常规电源配置不足，电网设施老化，电力产业结构复杂，各环节主体相对分散，导致调度难度大等关系紧密。

回顾历史，2003年8月14日，美加大停电；2005年5月25日，俄罗斯大停电；2006年11月4日，欧洲大停电；2007年4月26日，哥伦比亚大停电；2009年11月10日，巴西大停电；2012年7月30日，印度大停电；2019年8月9日，英国伦敦等地大面积停电；2019年下半年，美国加利福尼亚州两次大规模停电……

相比之下，中国电网却保持了长期未发生大面积停电的纪录，这与中国电源、电网、调度等技术、管理和体制优势息息相关。中国电力工业始终坚持"安全第一"的生产方针，确保发电、输电、变电、配电、用电等环节通过调度控制实现安全稳定经济运行。改革开放以来，中国电力工业快速发展，以大容量、高参数、清洁化为特征的电源建设取得突破，以特高压电网为骨干网架的全国联网格局形成，各级电网协调发展。中国电网坚持统一规划、统一调度、统一管理，确保电力输送和供应安全可靠，极大地促进了经济社会的快速发展。

中国电源——向更高效、更清洁、更经济方向发展

早在1882年，中国有了第一座装机容量约12千瓦的发电厂，但此后电力工业发展缓慢，到1949年中华人民共和国成立时发电装机容量只有185万千瓦。新中国的电力工业快速发展，特别是通过改革开放40多年的建设，发电装机容量从1978年的5712万千瓦，发展到2020年年底的22亿千瓦，中国电源建设实现了举世瞩目的高速发展。

中国火力发电进入高参数、大容量、高效率、低排放的新时代。火力发电机组实现了从高压机组、超高压机组、亚临界机组、超临界机组到超超临界机组，从单机容量10万千瓦到100万千瓦，实现了从低效到高效、从高排放到低排放（污染物）、从进口到国产的跨越，达到世界先进甚至领先水平。

中国水力发电在规划理论、设计水平、施工技术、设备制造、运营管理、投融资等方面均迈入了世界领先水平。2004、2010、2014年我国水力发电装机容量分别突破1亿、2亿、3亿千瓦，中国水力发电装机容量和发电量均居世界首位。"中国水电"已在"一带一路"沿线国家建起多个大型水电站工程，成为中国在国际上一张亮丽的名片。

中国核能发电从无到有、从小到大，跻身世界核能发电大国。20世纪80年代，为解决华东地区缺电问题，中国第一个核电建设项目——秦山核电站开工建设，通过自主设计、建造和运营，结束了中国大陆无核电的历史；2019年，中国核电装机容量超过日本位居世界第三，仅次于美国和法国。

中国风力发电和光伏发电产业由小到大、由弱到强，风电和光伏发电装

机容量均居世界首位。中国已成为风力发电装备制造大国和全球最大的光伏发电装备生产国。1986年，中国第一座风电场——马兰风力发电场在山东荣成并网发电，成为我国风力发电史上的里程碑；从此经过大量探索、引进和创新，中国风力发电实现跨越式发展，装机容量从2000年的342万千瓦提高到2020年的28153万千瓦；陆续建成甘肃酒泉、新疆哈密、内蒙古西部、内蒙古东部等10个千万千瓦级大型风电基地。1983年，中国第一座光伏电站诞生于甘肃省兰州市榆中县；2000年后，我国启动送电到乡、光明工程等扶持项目；从2009年开始，我国实施"金太阳"示范工程和"光电建筑应用示范项目"，带动光伏产业技术进步和规模化快速发展；光伏发电装机容量从2010年的70万千瓦提高到2020年的25343万千瓦，中国多晶硅、硅片、电池、组件产量均连续多年位居全球第一。

中国电网——向更高电压等级、更坚强、更安全方向发展

1882年至中华人民共和国成立，中国电网以小容量单机、短距离低电压单线、点对点就地供电为主要特点，中国仅有少量220千伏以下输电线路。

1949年至改革开放前，中国电网以小机组、低电压、省级电网为特点，20世纪50年代建成一大批35千伏和110千伏交流输变电工程，60年代逐步形成地区220千伏电网，1972年建成第一条330千伏超高压交流输电线路（刘家峡—关中）。

1979年至2000年，中国电网以大机组、高电压、区域电网为特点，1981年建成第一条500千伏交流输变电工程（平顶山—武昌），1987年建

成第一条 ±100千伏直流输电工程（浙江舟山），1989年建成第一条 ±500千伏直流输电工程（葛洲坝—上海）。

2001年以来，中国电网建设规模呈现出高速发展态势，电压等级及输送容量不断提高，交流电压等级从超高压330、500千伏提升至750千伏和特高压1000千伏，直流电压等级提升至 ±660千伏和特高压 ±800千伏、±1100千伏。2011年，中国实现了除台湾地区以外的全国联网，实现能源资源大规模优化配置，电网抵御扰动和故障冲击能力增强，网间电力交换获得的错峰、调峰、互为备用等联网效益显著。中国已成为拥有全球规模最大的电网、最高电压等级、最长特高压输电线路、最大新能源并网规模，电网安全运行水平、供电可靠性居世界前列的国家。

电力纵横天下

THE ROAD OF SCIENCE AND TECHNOLOGY IN CHINA

走进电的世界

电力是现代文明的基础。电的广泛应用开辟了人类利用能源的新时代——电气化时代。电的使用，只要轻轻拨动开关就开始了，但支撑它的是开关后面无比庞大而精密的电力系统。

如今，电已成为人们日常生活中无处不在的"伴侣"，犹如空气，人们几乎忘记了它的存在，但却难以离开。这看不见、摸不着又离不开的电到底是什么，从哪里来，又到哪里去呢？让我们带着对电的好奇，走进电的世界吧。

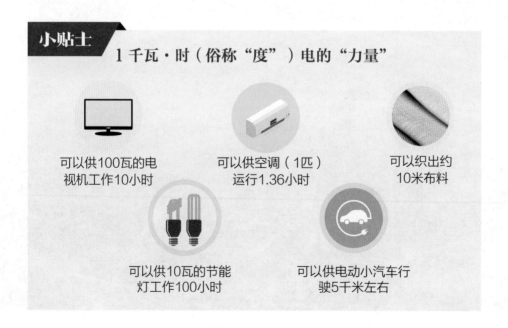

小贴士

1 千瓦·时（俗称"度"）电的"力量"

可以供100瓦的电视机工作10小时

可以供空调（1匹）运行1.36小时

可以织出约10米布料

可以供10瓦的节能灯工作100小时

可以供电动小汽车行驶5千米左右

认识电——发现电的科学旅程

电是能量的一种形式。无论是自然界存在的电，比如打雷时天空中出现的雷电或者摩擦产生的静电，还是能源转换产生的电，都是能量的一种形式。

人们认识电经历了一个有趣的过程。早在公元前 6 世纪，古希腊哲学家泰勒斯就发现琥珀与丝绸摩擦后能吸引绒毛或草屑等轻小物体，于是他将这种现象称为"琥珀之灵"。直到公元 1600 年，英国人吉尔伯特发现吸引草屑的不是琥珀的灵魂，而是摩擦产生的"静电"，于是他在希腊语"琥珀"的基础上，将这一发现命名为"电"。

1831 年，英国物理学家法拉第发现当闭合电路的一部分导体在磁场中做切割磁力线运动时，导体上会产生电流，这就是磁生电现象，也称电磁感应现象。在这个过程中，能量由机械能转化为电能。以后的发电机就是根据电磁感应原理制成的，这一重大发现为人类迈入电气化时代打下了基础。

摩擦起电

1879 年，美国发明家爱迪生发明了白炽灯，并在门罗公园首次公开展示白炽灯及点亮它的直流电力系统。这一缕风吹不灭的"烛光"点亮了世界的未来。

电从哪里来——电能的生产

电能的生产就是发电，生产电能的工厂就是发电厂。我们生活中使用的电，也就是电能，主要是发电厂通过能源转化生产出来的。

发电厂的种类很多，一般根据所利用能源的不同，分为火力发电厂、水力发电站和核能发电站，以及风力发电、太阳能发电、生物质能发电、地热能发电、海洋能发电、氢能发电等新能源发电厂。

比较常见的火力发电和水力发电，分别通过燃烧化石能源产生热能、利用天然水流中蕴藏的势能和动能，推动汽轮机或水轮机的叶片旋转产生机械能，再通过同轴传动，带动发电机的转子运动切割磁力线，最终将机械能转变为电能。

发电示意图

电到哪里去——电能的输送与分配

许多火力发电厂和水力发电站都建在能源资源密集的地方，而这些地方往往远离经济发达、电力消费需求量大的城市（即负荷中心）。有时候，电源和用户之间的距离甚至长达上千千米，这就需要通过输电线路将电力输送到负荷中心。如何高效实现远距离输电，在保护生态环境的同时确保可靠供电，是电力输送必须解决的问题。

发电厂、升压变电站、输电线路、降压变电站、配电线路、用户等组成了电力系统。电力系统中不同电压等级的变电站、输电线路及配电线路组成的整体称为电网。电网是电能流通的真实的物理网络，它的任务是输送与分配电能，将电能从生产者输送给消费者。电能以光速传播，发电、输电、变电、配电、用电几乎是同时完成的。

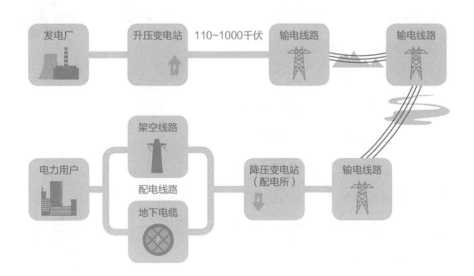

电能传输示意图

输电两条"路"——直流电与交流电的百年 PK

电能的输送方式有直流和交流两种。直流电是指大小、方向都不随时间变化的电流；交流电是指大小、方向随时间改变的电流。直流输电是以直流电传输电能的，交流输电是以交流电传输电能的。这两种输电方式哪一种更好，在历史上曾引起过很大的争论。大名鼎鼎的发明家爱迪生提倡使用直流电，而比爱迪生小9岁的特斯拉则主张使用交流电。

电池提供的电源是直流电

100多年前，直流电是主流，当时主要的电能动力设备——电动机，使用的都是直流电。大家都知道，爱迪生发明了电灯，但在发明了电灯之后，如何将电从发电厂送到街区、大楼，乃至居民住宅成为接下来的问题。如果采取直流输电方式，线路上的能量损耗太高，就不能实现远距离输电（当时的极限输电距离大约只有1千米）；而且，升高或降低直流电压还需要复杂的电路。特斯拉发明了以交流发电机供电的三相交流

提供给家用电器的电源是交流电

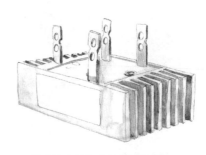

将交流电转换成直流电的整流器

供电系统，使用变压器以高电压、低电流的方式输电，大大降低了输电线路上的能量损耗，不仅可以远距离传输，还可以通过变压器方便地升压和降压，能够更有效地传输电能。最终，特斯拉的交流电占据了输电的主导地位并持续了一个世纪。现在工农业生产和人们日常生活中大多使用的是交流电。

提倡使用直流电的代表人物——爱迪生和主张使用交流电的代表人物——特斯拉

一百年前的交直流之争，交流战胜了直流。此后，交流输电成为主要的输电方式。随着电力电子技术的发展，高压直流输电以输电容量大、输送距离远、节省导线的优势，成为远距离输电的一种形式，与交流电互补，且解决了交流输电走廊占地面积大的不足。21世纪初，中国建成的特高压（交流 1000 千伏、直流 ±800 千伏及以上）交直流输电工程，以前所未有的送电容量，成为电力输送的高速公路。

电力无处不在

我国已形成了以大区电网为核心，以西电东送、南北互供为基本格局的联合电网，并于2011年实现了除台湾地区以外的全国联网。无论是在白山黑水，还是在塞上江南，电力线路像血脉一样遍布在神州大地上，为经济社会的发展提供充足的能量。电气化程度已成为衡量一个国家综合实力的重要指标，我国电气化水平持续加速提升，电力在国民经济各部门和人民生活中被广泛使用。中国电力在"点亮"华夏大地的同时，也为世界贡献着中国经验。

全国联网——输电线路纵横驰骋

小贴士

电网为什么要互联并网运行

小电网互联形成大电网以后，单台发电机容量在电网中占有的比重就会下降，单个大用户负荷在电网中占的比重也会下降，这就客观上提高了电网抗干扰的能力，提高了电网运行的稳定性。

电网互联使电能利用更合理，电网之间可以互相支援，减少装机备用容量，还可以利用地区时差及水火之间的调节，取得错峰和调峰的效益。电网互联后，远距离大容量输电可优化电力资源配置，为国家创造巨大的经济效益。

我国幅员辽阔，但能源资源与负荷中心区域分布不均，煤炭、水力、风能等资源丰富的西北、西南地区用电需求较少，而东中部特别是沿海地区等能源缺乏的地方，用电量却较大。电力全国联网可以在全国范围内进行电力资源优化配置，发挥水火互补、东西互补的作用，让电力资源丰富的西部支援经济发达的东部沿海地区。

中国电网经历了电压等级由低到高、联网规模从小到大的过程。从解放初期的城市孤立电网，到如今全国已经实现了除台湾地区之外的电网互联。中国电网以全球规模最大、运行电压等级最高、系统最为安全可靠而跻身世界电网前列。

小贴士

电压等级

电压等级是指电力系统运行的额定电压（也称标称电压）。中国电压等级由低到高一般划分为：安全电压（通常36伏以下）、低压（220伏和380伏）、高压（10~220千伏）、超高压（330~750千伏）、特高压（交流1000千伏、直流±800千伏及以上）。

以电压等级提高和电网互联为标志，中国电网发展大致可分为以下三个重要阶段：

第一阶段：省级电网发展（20世纪70年代以前）。

20世纪40年代，为送出水丰发电厂电力，建设了我国第一条220千伏线路（水丰发电厂到鞍山）。20世纪60、70年代，从城市孤立电网逐步形成了以220千伏线路为主网架、以省域为主要供电范围的省级电网。

第二阶段：区域电网发展（20世纪70~90年代）。

1972年，刘家峡水电站送出工程采用330千伏电压等级。1981年，平顶山向武汉送电采用500千伏电压等级。为满足不同省、地区之间的电力配置需求，中国逐步形成以500千伏线路为联络线的跨省电网。到20世纪80年代末，形成了7个跨省区域电网，即东北、华北、华东、华中、西北、川渝和南方电网。1990年建成我国第一条从湖北葛洲坝到上海南桥跨大区的±500千伏直流输电线路。

第三阶段：以三峡输变电工程建设为契机，全国联网进程不断加快（1997年至今）。

三峡输变电工程共包括55项交流线路工程、33项变电工程和4项±500千伏直流输电工程，供电范围涵盖华中、华东、西南、华南地区10个省、市，共182万千米^2，惠及人口约6.7亿人。三峡输变电工程的建设形成了华中—川渝、华中—华东、华中—南方的互联电网，促进了华中—西北及华中—华北之间的电网互联，充分发挥了三峡输电系统在

三峡输变电工程促进全国联网进程

全国电网互联格局中横贯东西、沟通南北的中心作用，建立了全国范围内能源资源优化配置的平台。2011年，青藏联网工程建成投运，标志着中国除台湾地区以外，实现了全国联网。

中国特高压输电·驯服高压

2009年和2010年，随着世界第一条交流特高压线路——1000千伏晋东南—南阳—荆门特高压交流试验示范工程和第一条直流特高压线路——云南—广东±800千伏特高压直流输电示范工程先后投入商业运行，中国在特高压、远距离、大容量输变电核心技术和自主知识产权方面取得重大突破，实现能源资源跨省区有效配置。截至2020年年底，我国已累计建成"14交16直"，在建"2交3直"，共35个特高压输电工程，建成覆盖华北、华中、华东地区的特高压交流同步电网，中国电网从此步入了特高压时代。

特高压输电线路

全国电网大联网时间轴

1981年 中国第一条500千伏超高压输电线路——平顶山—武昌输变电工程竣工,河南、湖北两省联网加强。

1984年 山西大同、神头电厂投产,大同—房山两回500千伏线路投运,首都北京用上了山西电。

1986年 葛洲坝—上海直流输电工程开工建设,并于1989年建成,拉开了跨区联网的大幕。

1987—1992年,中国电网以省级和跨省电网建设为重点,逐步形成7个以500千伏线路为联络线的跨省电网——东北、华北、华东、华中、西北、川渝和南方电网。

随着电压等级的提高,以及经济发展对电力需求的迅速增长,各区域电网的规模越来越大,需要更大范围的联网,以实现跨大区的资源配置。

1993年 贵州天生桥—广州±500千伏直流输电工程投运,南方联营电网正式形成。

1997年 三峡向华东、广东送电的输变电工程陆续开工,全国电网互联迎来契机。辽宁绥中—河北姜家营一回500千伏交流线路投运。

2001年 华北与东北电网实现了跨大区交流联网。福州—金华双龙一回线路投运,福建电网与华东电网实现互联。

2002年 500千伏万龙线投运,川渝电网与华中电网实现互联,并形成一个新的华中同步电网。

2003年 河北辛安—河南获嘉500千伏交流输电线路投运,华中与华北电网实现联网。

2004年 三峡—广东±500千伏直流输电工程投运,华中电网与南方电网实现异步互联。3月,河北辛安—山东聊城500千伏线路投运,山东电网联入华北电网。

2005年 4月,西北与华中电网通过灵宝背靠背直流工程实现互联。

2009年 3根长达32千米的500千伏海底电缆成功穿越琼州海峡,海南岛用上了大陆电。

2010年 新疆与西北750千伏联网工程投运,"疆电东送"起步。

2011年 青海—西藏±400千伏直流工程投运,西藏与西北电网实现异步联网。

2014年 川藏联网工程投运,结束了西藏昌都地区长期孤网运行的历史。

2021年 500千伏闽粤联网工程正式开工,福建与广东将于2022年实现联网。

户户通电——万家灯火增进福祉

电力是现代文明之光，人民电业为人民，电力是为人民生产生活服务的。1949年，中国农村通电率极低，农村年用电量仅为2000万千瓦·时，平均每个农民年用电量仅为0.05千瓦·时。1978年，全国县、乡、村通电率分别为94.5%、86.8%、61.1%。到2015年年底，青海最后9614户、共计3.98万无电人口通电，至此13亿中国人民都用上了电。

小贴士

用电路上一个也不能少

1949年新中国成立时，我国农村的年用电量仅为2000万千瓦·时，平均每个农民年用电量仅为0.05千瓦·时。

改革开放之初，大电网还未全面覆盖我国所有行政村。

1998年，国家大力实施"两改一同价"，推动农电体制改革、农网改造和城乡同网同价。全国无电地区通电范围不断扩大……

2006年，国家电网公司制定了"新农村、新电力、新服务"农电发展战略，启动"户户通电"工程。

2013年，国家能源局启动了《全面解决无电人口用电问题三年行动计划》，加快实施无电地区通电工程，同时，青藏联网、川藏联网等重大工程投运，有力促进了地方经济社会发展。

2015年12月23日，随着青海果洛藏族自治州班玛县果芒村和玉树藏族自治州曲麻莱县长江村合闸通电，全国如期实现"无电地区人口全部用上电"的目标。从此，中国人民全都用上了电。

户户通电　点亮生活

"十三五"以来，通过农网改造升级，农村地区基本实现稳定可靠的电力供应，大电网覆盖范围内贫困村通动力电比例达到100%，供电能力和电能质量明显提升，农网供电可靠率达到99.8%、综合电压合格率达到99.7%。2020年3月6日，习近平总书记在决战决胜脱贫攻坚座谈会上的重要讲话中，充分肯定了解决贫困地区用电难问题的工作成效。电力等基础设施的极大改善，助推了贫困地区脱贫致富的进程，为农民增产增收、乡村振兴、美丽乡村建设提供了坚强保障。

电能应用——渗透生活每个角落

电在人类生产、生活中扮演着十分重要的角色。工农业生产离不开电，日常生活中的电灯、电视也离不开电，就连现在被人们视为生活必需品的手机，离开了电也会变成无用的"铁盒子"。电，已经渗透到人类生活的每一个角落。

电能应用推动了能源密集型产业的发展，促使社会生产进入密集型时代，创造出空前规模的生产力。电气照明器具的发明及技术进步，基本垄断了照明领域；电动机的出现，使电力拖动成为社会的主要动力来源；各种电加热炉窑的出现，不但提高了能源利用效率，而且解决了其他冶炼方式无法达到的高温和特殊气氛冶炼条件，提供了金属热处理加工的特殊工艺环境；电气化铁路的应用令电动车组取代蒸汽、内燃机车，实现了陆地上的高速度、大运力、大坡度、无污染运输；各种家用电器的发明和技术进步，为人们学习、生活和工作创造出了优越的条件。电力技术与电子技术相结合，为社会生产的技术进步、社会劳动生产率的提高和劳动生产条件的改善提供了广阔的发展前景。

电能的应用

家庭电气化对于提升居民生活幸福指数具有重要意义：电灯、空调、冰箱、电暖器等家用电器使生活更舒适、便捷；洗衣机、洗碗机、微波炉等家用电器解放了双手；电视机、音箱等影音设备娱乐了生活……，各种家用电器极大地改善了人们的生活，提升了生活质量。随着科技的进步，我们的生活在电气化的同时，也变得越来越智能化。居民可以用智能手机远程操控家用电器的开关状态，设定智能化工作模式，掌握家庭详细用电数据，还可以使用手机缴纳电费，查询用电账单和电费余额，享受智能化用电服务。

现代社会对电力的需求越来越强劲，无论工业、商业、农业还是居民生活，电就像血液一样为社会的方方面面提供能量，不可或缺。2020 年，中国全社会用电量达到 7.6 万亿千瓦·时。电的应用程度已成为衡量一个国家工业、农业、科学技术、国防现代化和居民生活水平的重要标志。随着科技的进步，一个新电气化时代正向我们走来。

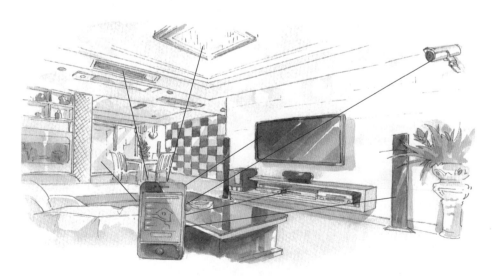

家庭电气化示意

小贴士

电动汽车好处多

一方面，电动汽车能源利用率高，有利于节约能源和减少二氧化碳的排放量，并且噪声小；另一方面，可在夜间向电动汽车蓄电池充电，避开用电高峰，有利于电网均衡负荷。为应对能源危机、节约能源、保护大气环境，发展具有节能、环保、高新技术密集等特点的电动汽车是必然选择。

电动汽车的演变

集中式电动汽车充电站

谁在"牵"着高铁列车跑？

人们每次乘坐高铁列车时都会惊叹这风驰电掣的速度，细心的人还会注意到它除了地上的两条线（铁轨），还有天上一张网（接触网），铁轨有多远，网就有多远。高铁列车由电动机驱动，电源就取自这张沿铁路架设的牵引供电接触网。高速铁路所用电能均取自公用电力系统，并经专门的牵引供电系统向电力机车或电动车组等供电，"牵"着高铁列车飞驰。

现代交通中电的踪迹

高铁列车

国际合作——为世界贡献中国智慧

自2013年习近平主席提出"一带一路"倡议以来，中国电力企业依托技术、管理、设备、资金等优势，积极"走出去"拓展国际业务。"中国制造""中国建造""中国服务"受到越来越多国家和地区的欢迎。

截至2019年年底，国家电网公司与周边国家建成中俄、中蒙、中吉等10条跨国输电线路，累计交易电量超过305亿千瓦·时。截至2020年6月，国家电网公司成功投资运营了巴西、菲律宾、葡萄牙、澳大利亚、意大利、希腊、阿曼、智利等国家和中国香港地区的骨干能源网。截至2020年年

电网为"一带一路"建设增光添彩

底，中国南方电网公司累计向越南送电394.6亿千瓦·时，向老挝送电11.5亿千瓦·时，从缅甸购电5.4亿千瓦·时，向缅甸送电15.4亿千瓦·时。

国家电网公司积极开发境外绿地输电项目，相继成功投资建设巴西美丽山±800千伏特高压直流送出一期和二期项目、特里斯皮尔斯水电送出一期和二期项目等多个大型绿地输电特许权项目；投资建设巴基斯坦默蒂亚里—拉合尔±660千伏直流输电项目。在推进"一带一路"建设和国际化发展过程中，投资和承建的项目均关系当地经济社会发展，是各个国家和地区的重要基础设施，所有项目运营平稳、管理规范，得到当地社会和监管机构的充分肯定和高度评价，建立了良好的国际信誉。

中国主导制定电力行业国际标准，向世界传递中国声音。自2009年起，分别在国际电工委员会（IEC）立项国际标准53项、在电气与电子工程师学会（IEEE）立项国际标准25项，其中42项已正式发布，特高压交流电压成为国际标准电压。中国工程院院士舒印彪任国际电工委员会（IEC）第36届主席（任期2020—2022年），中国专家担任IEC/TC122特高压交流技术委员会主席，6名中国专家担任技术委员会秘书，40多名中国专家担任IEC各工作组召集人。在国际大电网委员会（CIGRE）主导成立18个技术报告工作组，高压直流、大容量可再生能源接入电网等4个分技术委员会秘书处设在中国，为电力标准国际化工作贡献中国技术方案和智慧。

电力科技高峰

THE ROAD OF SCIENCE AND TECHNOLOGY IN CHINA

电力工业压舱石——火力发电

火力发电的基本原理是利用燃料燃烧释放的热能，通过工质做功，驱动发电机产生电能。火力发电主要包括燃煤发电、燃气发电、燃油发电、垃圾焚烧发电和生物质发电等形式，在中国的火力发电形式中，燃煤发电占比最高。中国的火力发电始于1882年，经过工程技术人员的艰苦努力、持续创新，我国火力发电技术完成了从蹒跚学步、学习跟随到技术引领的华丽转身，在超超临界、二次再热、大型机组空冷、先进控制等技术领域，实现了居世界领先地位的梦想。

2020年12月27日，江苏泰州发电厂二期工程2×1000兆瓦二次再热燃煤发电机组荣获"中国工业大奖表彰奖"。

2018年12月6日，安徽淮北平山发电厂二期工程荣获"第五届皮博迪年度全球洁净煤领导者奖"。

2015年10月，上海外高桥第三发电厂荣获美国《电力杂志》评出的"2015年度世界顶级火力发电厂"称号。

......

当前，神州大地上矗立着一座座现代化、大容量的火力发电厂，在实现高效能源转换的同时，也将污染物的排放减少到了最低限度。

20世纪80年代，中国改革开放的大幕刚刚拉开，经济发展的步伐逐渐

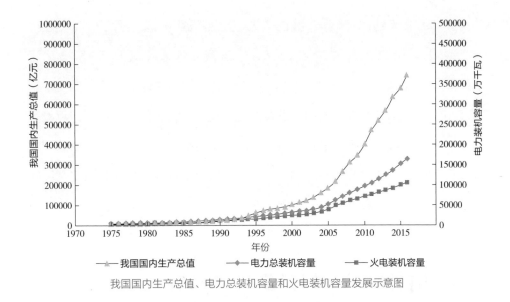

我国国内生产总值、电力总装机容量和火电装机容量发展示意图

加快，但由于电力基础设施薄弱，电力不足严重制约着经济的发展，电力供需矛盾突出。那时老百姓印象深刻的是家里经常停电，尤其是除夕夜往往电压不稳，或者干脆就是拉闸限电，导致无法观看翘首期盼了一年的春节联欢晚会，这也成为很多人春节记忆里的一大遗憾。

在"经济发展，电力先行"的指导下，我国加快电力建设，尤其是火电厂的建设，使中国的装机容量和发电量接连跃上新的台阶，迅速改变了缺电的情况，有力地支撑着经济的快速发展。1978年我国的电力装机容量只有5712万千瓦，同年国内生产总值只有3645亿元；1987年我国的电力装机容量达到1亿千瓦，国内生产总值达1.2万亿元；2000年，我国国内生产总值迈上10万亿元的台阶，电力装机容量也突破了3亿千瓦；2012年我国国内生产总值突破了50万亿元，电力装机容量也达到11.5亿千瓦，直到此时，我国的电力供需基本实现平衡；2020年，我国国内生产总值突破100万亿元，电力装机容量达到22亿千瓦。

从1978年到2016年，我国火力发电装机容量增长了24倍。2020年，火力发电装机容量达到12.45亿千瓦，年发电量达51743亿千瓦·时，占总发电量的67.87%。在中国"富煤、贫油、少气"的资源禀赋条件下，在当前新能源发电飞速发展的过程中，传统的火力发电以其稳定的运行状态和高达2/3占比的发电量，扮演着新能源电力"爽约"时的"站岗者"和电力工业"压舱石"的角色，为我国经济的高速发展提供了强劲的动力，发挥着"定海神针"的作用。

点亮神州大地——世界上最大火力发电厂

2017年2月25日15时18分，内蒙古大唐托克托发电厂10号机组，也是该厂扩建的最后两台国产66万千瓦超超临界机组，全部投入商业运行。至此，该厂总装机容量达到672万千瓦，一跃成为世界在役最大火力发电厂，年发电能力达400亿千瓦·时以上。该厂有8台60万千瓦机组和2台66万千瓦机组通过500千伏四回线路接入京津冀电网，为北京地区提供了30%的电量，是京津冀电网重要的电源支撑点。

截至2020年，中国有4家装机容量超过500万千瓦的火力发电厂（不包括港澳台数据）、16家装机容量超过400万千瓦的火力发电厂、150家装机容量超过160万千瓦的火力发电厂。它们散布在960万千米²的大地上，或建在东部负荷中心，就近提供电能，或建在西部煤炭资源中心，变输煤为输电。

长三角地区是中国经济最为活跃的地区之一，这里对电力的需求也是最旺盛的。浙江省2020年全社会累计用电量4830亿千瓦·时，是中国用电

内蒙古大唐托克托发电厂全景图

我国装机容量排名前十的火电厂

序号	电厂名称	总容量（万千瓦）	机组台数 × 容量（万千瓦）
1	托克托发电厂	672.0	2×30 + 8×60 + 2×66
2	嘉兴发电厂	530.0	2×33 + 4×66 + 2×100
3	北仑发电厂	524.0	2×63 + 3×66 + 2×100
4	台山发电厂	509.0	2×60 + 3×63 + 2×100
5	邹县发电厂	457.5	4×33.5 + 1×60 + 1×63.5 + 2×100
6	平圩发电厂	454.0	2×63 + 2×64 + 2×100
7	宁海发电厂	452.0	4×63 + 2×100
8	沁北发电厂	440.0	4×60 + 2×100
9	漳州后石发电厂	420.0	7×60
10	海门发电厂	414.4	4×103.6

注 截至2019年年底数据（不包括港澳台数据）。

量最大的省份之一。为了缓解用电紧张的状况，浙江利用靠海的地理条件，兴建了多家大型火力发电厂，通过海上航道运送电厂燃煤，位于浙江宁波的宁海发电厂是其中的佼佼者。宁海发电厂分两期建设，一期为4台60万千瓦机组，后通过技术改造扩容至63万千瓦，其中于2005年12月27日投产的2号机组被授予"中国电力装机容量突破5亿千瓦标志性机组"。二期建设2台100万千瓦超超临界机组，总装机容量达到452万千瓦。

宁海发电厂

发电机组的"身高"——机组容量

中国燃煤发电机组容量以300、600、1000兆瓦为主，就是通常所说的30万、60万、100万千瓦机组。1000兆瓦机组表示每小时额定发电100万千瓦·时，如果按照该机组全年365天持续发电，即按照年发电时间24×365=8760小时来计算，该机组一年的发电量就是100万千瓦×8760小时=87.6亿千瓦·时。

技术水平世界领先——超超临界机组

自1875年世界上第一座火力发电厂建成以来，火力发电机组经历了亚临界、超临界、超超临界的发展阶段，更高的蒸汽温度、压力参数，代表着更高的发电效率、更低的供电煤耗。通常在机组容量相同的情况下，超临界机组比亚临界机组能耗降低约2.5%，二氧化碳排放降低约7%；将参数提高到超超临界，机组的能耗又将下降约3.6%。

小贴士

火电厂超临界机组和超超临界机组

火电厂超临界机组和超超临界机组指的是锅炉里用于发电的水蒸气的压力达到或超过临界压力以上的机组。水的临界点压力是22.12兆帕，此压力下的温度是374.15摄氏度，超过这个压力和温度时，水从液态直接变成气态，不再有水和蒸汽之分，所以就是临界点。锅炉内水蒸气压力低于这个压力就叫亚临界锅炉，高于这个压力就是超临界锅炉，当蒸汽温度高于或等于580摄氏度或压力高于27兆帕时，通常就称为超超临界状态。

中国大陆最早的超临界机组是石洞口第二发电厂的2台60万千瓦机组，主要设备从瑞士和美国进口，1992年建成，是当时中国设备最先进、经济效益最好、运行效率最高、环境最洁净的电厂，成为此后许多新建电厂的样板。

2006年，国内首台1000兆瓦超超临界机组在玉环发电厂投运。玉环发电厂建设4台1000兆瓦超超临界机组，主蒸汽参数（即压力和温度）达到26.25兆帕/600摄氏度，当时国内没有一种材料可以承受这个温度和压力，主蒸汽管道所使用的耐热合金钢P92和P122等新材料全靠进口，也没有合适的焊接工艺，玉环发电厂通过试验，摸索出了一套合适的焊接工艺，并推广应用在以后建设的百余台超超临界机组上。此机组投产后，供电煤耗约为283克/（千瓦·时），比当时的全国平均水平约低80克/（千瓦·时），由此，中国火力发电技术实现了技术跨越，为以后的技术领跑打下了坚实的基础。

玉环发电厂1000兆瓦汽轮发电机组

2008年，上海外高桥第三发电厂的2台1000兆瓦超超临界机组投运，运行时主蒸汽温度600摄氏度，压力达到27兆帕，供电煤耗287克/（千瓦·时）。通过不断的技术改进，2013年，上海外高桥第三发电厂的这2台1000兆瓦超超临界机组在负荷率78%的情况下，实际运行供电煤耗达到276.82克/（千瓦·时），创造了当时世界最低供电煤耗的纪录。

据中国电力企业联合会（中电联）统计，2018年年底中国已投产的超超临界机组达160余台，其中1000兆瓦及以上机组超过100台。中国已是世界上超超临界机组发展最快、数量最多、容量最大和运行性能最先进的国家。

小贴士

供电煤耗

煤耗是指在一定时间内，燃煤电厂消耗的燃料量与发电量之比，也称煤耗率，单位是克/（千瓦·时）。当1千克的某种煤燃烧时放出的热量正好是29308千焦（7000千卡）时，我们称其为标准煤。由于煤炭种类不一样，其发热量也不同，为使燃用不同煤种的发电厂的煤耗率具有可比性，通常将燃煤折算为标准煤计算煤耗率。

供电煤耗就是将电厂发出来的电扣除电厂生产中用掉的电后计算出的煤耗，是发电技术整体水平高低的重要体现。供电煤耗越低，意味着发电技术水平越高。

火电厂的"超级净化器"——超低排放技术

燃煤电厂的生产过程，是以燃烧煤炭获取热能并转化为电能的过程。在生产过程中，不可避免地会产生固体废弃物、污水、气态污染物和噪声等。其中，烟尘、二氧化硫、氮氧化物等污染物的排放控制备受瞩目。

20世纪70年代，电力行业环境保护工作刚刚起步，烟尘排放治理是当时电力行业环境保护工作的重点。90年代初，火电厂以机械除尘和湿式除尘为主，除尘效率在94%左右；90年代后期，高效电除尘器开始在火电厂中大力推广。进入21世纪后，更为高效的袋式除尘器、电袋复合除尘器得到广泛应用，平均除尘率提高到99.9%以上。1979年，全国火电厂排入大气的烟尘约为600万吨，单位发电量排放烟尘25.9克/（千瓦·时）；2019年，全国火电厂排入大气的烟尘约为18万吨，单位发电量排放烟尘0.038克/（千瓦·时）。

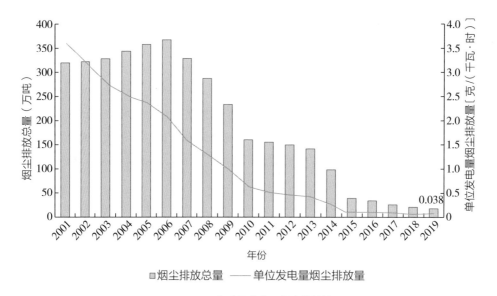

2001—2019年我国火电厂烟尘排放情况

20世纪80年代初期，中国首台300兆瓦机组配套电除尘器在谏壁发电厂投运。1988年，中国首台600兆瓦机组配套电除尘器在平圩发电厂投运。2006年，中国首台1000兆瓦机组配套电除尘器在玉环发电厂投运。

火电厂对二氧化硫的排放控制，始于20世纪90年代。在GB 13223—1996《火电厂大气污染物排放标准》中，提高了二氧化硫的排放控制水平。1998年，《酸雨控制区和二氧化硫污染控制区划分方案》发布，对火电厂二氧化硫排放提出了更为严格的控制要求。进入21世纪后，我国通过自主研发和引进技术的消化吸收再创新，形成了石灰石－石膏湿法脱硫、海水脱硫、半干法脱硫、脱硫除尘一体化等多种脱硫技术，涵盖各机组容量等级。目前，我国火力发电厂中脱硫机组占比接近100%，年排放二氧化硫量由2006年的峰值1350万吨下降至2019年的89万吨。

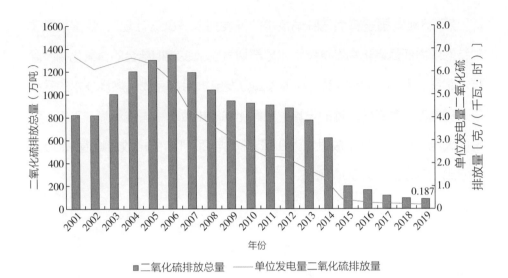

2001—2019年我国火电厂二氧化硫排放情况

石灰石－石膏湿法烟气脱硫

石灰石－石膏湿法烟气脱硫是利用石灰石、生石灰或消石灰的乳浊液作为吸收剂吸收烟气中的二氧化硫生成亚硫酸钙，继而氧化成硫酸钙的原理脱硫的。它是烟气脱硫工艺中应用最为广泛的技术，具有脱硫效率高、煤种适应性好、吸收剂利用率高等优点。石灰石－石膏湿法烟气脱硫的核心设备是吸收塔。

①搅拌器
②氧化区
③原烟气入口
④喷淋层
⑤净烟气出口
⑥除雾层
⑦吸收区
⑧合金托盘
⑨循环浆液泵
⑩氧化空气管

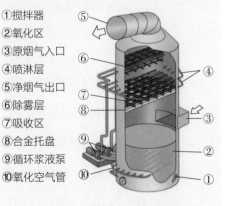

石灰石-石膏湿法烟气脱硫吸收塔

2003年，国家将烟气脱硝技术的开发列入"863计划"，我国采取了独特的炉内低氮氧化物燃烧技术和尾部烟气脱硝装置相结合的氮氧化物脱除技术路线，到2014年年底，我国大部分发电机组都完成了燃烧技术的升级改造和尾部烟气脱硝装置的设置，氮氧化物的排放水平直线下降。2019年，全国火电厂氮氧化物排放量约为93万吨，与2011年的排放量峰值1000万吨相比，下降幅度达90.7%。

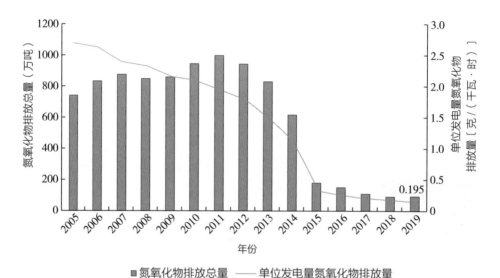

2005—2019年我国火电厂氮氧化物排放情况

尽管中国燃煤发电机组的环保水平已经达到世界领先水平，但电力行业追求卓越的脚步并没有停下。自2014年开始，燃煤发电机组开展大规模的超低排放改造，将颗粒物、二氧化硫、氮氧化物排放浓度降到不高于10、35、50毫克/米³，全面达到燃气轮机组的污染物排放水平。2014年5月30日，嘉兴发电厂三期8号1000兆瓦机组实现超低排放改造，采用多种污染物高效协同脱除集成系统技术，将烟气脱硝技术、低低温电除尘技术（含无泄漏管式水媒体加热器和低低温电除尘器）、烟气脱硫技术和湿式静电除尘技术，通过管路优化和排列优化进行有机整合，是我国首台完成超低排放提效改造的燃煤发电机组。2014年6月25日，舟山发电厂4号350兆瓦国产超临界机组投运，是我国首台新建的超低排放机组。截至2019年年底，达到超低排放限值的煤电机组约8.9亿千瓦，约占全国煤电总装机容量的86%。

嘉兴发电厂8号机组超低排放系统

就地取材——减少水资源消耗

我国是个水资源匮乏的国家，人均水资源量仅有2200吨，约为世界平均水平的31%。在火力发电过程中，水是不可或缺的重要生产原料，锅炉燃烧产生的热量需要水进行传递，设备运转产生的热量需要水来冷却。对于采用水直接冷却技术的1000兆瓦机组，耗水量达到0.12吨/秒。为了节水，火力发电厂用上了各种"黑科技"。

浙江玉环县虽然临海，但是浙江省的易旱缺水海岛县，全县7座水库的满库容蓄水量也只有不到2000万吨，水资源匮乏已经开始影响该县的可持续发展。建在玉环县的华能玉环发电厂，正常投产后全年需要淡水800万吨，这对玉环县来说无疑是极大的负担。

没有淡水就生产淡水，玉环发电厂投资两亿元建造了制水量达1440吨/时的海水淡化系统，开创了我国"双膜"法海水淡化工艺的先河，使电厂所需淡水全部来自海水。与此同时，玉环发电厂对全厂工艺用水分类分质进行了优化，使淡水重复利用率达64%以上，废水重复利用率达100%，显著减少了淡水资源的消耗。该电厂机组每百万千瓦容量耗水量约为0.09吨/秒，接近国际先进水平。

玉环发电厂海水淡化装置

在水资源匮乏的内陆地区，空冷技术很好地解决了火电厂的用水问题。空冷电厂通过翅片管式散热器，采用环境空气直接或间接对汽轮机排汽进行冷凝。与常规自然冷却的机组相比，空冷机组可以做到节水80%左右。宁夏灵武发电厂二期建设两台1000兆瓦超超临界直接空冷机组，其中3号机组于2010年12月28日投产，是世界上首台百万千瓦级超超临界直接空冷机组。机组的冷却装置全部由国内生产，年节水量可达2600万吨以上。

彻底解决"卡脖子"问题——全国产化控制系统

分散控制系统（DCS）被称为火电厂的"大脑"，控制着火电厂众多的设备，是确保电力稳定生产的关键系统。我国火电厂使用DCS始于1985年望亭发电厂14号机组。进入2000年以后，国产DCS应用发展迅速。2003年，贵州纳雍发电厂（300兆瓦机组）和盘南发电厂（600兆瓦机组）采用国产DCS，国产DCS开始进入大型火力发电机组的大范围应用。2007年，国产DCS首次应用于600兆瓦超临界机组（庄河发电厂）；2011年，国产DCS首次应用于1000兆瓦超超临界机组（谏壁发电厂）。

小贴士

DCS

DCS是英文 Distributed Control System 的缩写，中文译为"分散控制系统"。分散控制系统是采用计算机、通信和屏幕显示技术，实现对生产过程的数据采集、监视、控制和保护等多种功能，实现数据共享的计算机监控系统，其主要特点是功能分散、操作显示集中、数据共享。

2020年以来，全国产化DCS在中国华能、中国华电的多家火电厂成功投运。11月6日，中国华能自主研发的国内首套100%全国产化分散控制系统在福州发电厂成功投运。这套DCS从CPU等核心芯片到基础电子元器件，从操作系统、数据库等基础软件到应用软件，全部使用自主技术，软硬件国产化率达到100%，并实现了锅炉、汽轮机和发电机的全覆盖控制，解决了我国在该领域内的"卡脖子"问题。11月23日，中国华电研发的"华电睿蓝"自主可控智能分散控制系统（DCS）在芜湖发电厂660兆瓦超超临界机组成功投运；11月25日，中国华能自主研发的国内首套100%全国产化百万千瓦级分散控制系统（DCS）在玉环发电厂成功投运。至此，全国产化DCS实现了300、600、1000兆瓦等级机组的全面应用。

发电效率再上一层楼——二次再热

从上海外高桥第三发电厂溯长江而上约200千米，这里矗立着又一座大型超超临界发电厂——江苏泰州发电厂。泰州发电厂二期工程建设2台1000兆瓦二次再热燃煤发电机组，工程于2013年6月28日开工建设，两台机组分别于2015年9月25日、2016年1月13日通过168小时满负荷试运，投入商业运行。该项目两台机组是世界上单机容量最大的二次再热机组，供电煤耗266.3克/（千瓦·时），发电效率达47.82%，这两个关键指标均处于当时全球最先进水平。

然而我国电力工程技术人员并没有停止对更高参数、更高效率发电技术追求的步伐，在中国大地上持续进行创新，一次又一次刷新火力发电技术的世界纪录。

二次再热

蒸汽在汽轮机中膨胀做功的中途被抽出送回锅炉再进行加热一次，称为一次中间再热；若在两种不同的中间压力下抽出再进行加热，则称二次中间再热，简称二次再热。一次中间再热一般可使汽轮机热耗率降低约5%，二次再热还可以使汽轮机热耗率再降低约2%。随着超超临界技术的发展，采用二次再热可进一步提高汽轮发电机组热效率。

江苏泰州发电厂全景

2020年11月11日，位于山东东营市东营港经济开发区的东营发电厂投入运行，其采用多项世界首次和国内首例的集成创新技术，其中最典型的就是汽轮机采用的单轴"六缸六排汽"型式，属于世界首创。与常规汽轮机相比，东营发电厂的汽轮机增加了一个低压缸，且将超高压缸置于高压缸与中压缸之间，可以有效降低机组运行的热能损失。供电煤耗为258.72克/（千瓦·时），全厂热效率为49.4%，厂用电率为3.88%，属于当前发电指标最优秀的百万千瓦级超超临界机组。

小贴士

汽轮机汽缸

汽缸是汽轮机的重要部件，蒸汽在其间完成能量的转换。大容量汽轮机都为多汽缸结构，其汽缸可以分为高压缸、中压缸和低压缸三种。大容量汽轮机的低压缸都采用分流的形式，即每个低压缸有两个排汽口，蒸汽从低压缸中部进入，从两端流出。

安徽淮北平山发电厂二期的发电机组容量为1350兆瓦，是目前全球单机容量最大的燃煤机组。该机组最大的特点是在国际上首创高低位布置方式的双轴二次中间再热发电。采用高低位布置方式，就是把汽轮发电机组的高温高压汽缸直接布置在锅炉的出口，从而大大缩短了需要采用昂贵的耐700摄氏度高温材料管道的长度，也解决了由此产生的一系列技术问题。同时，汽轮发电机组的低压汽缸还布置在原来的低位位置，采用常规的普通材料管道即可。也就是说，这一技术能够用耐600摄氏度的高温材料去实现700摄氏度超超临界机组的效率。平山发电厂二期机组预期供电煤耗为251克/（千瓦·时），将成为全球最节能的火电机组。

随着高效超超临界机组数量的增加，我国发电机组结构得到进一步优化，全国平均供电煤耗持续下降。2017—2019年，全国6000千瓦及以上火电厂供电标准煤耗分别为309、307.6、306.4克/（千瓦·时）。以1978年的供电标准煤耗471克/（千瓦·时）为基准，1979—2017年电力行业累计节约标准煤量达77.3亿吨，累计减少二氧化碳排放量约193.3亿吨。

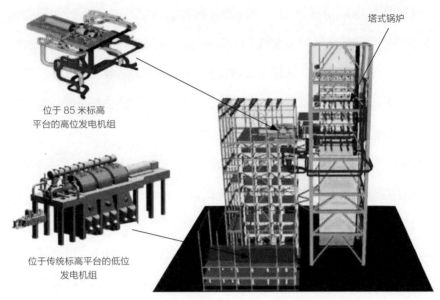

塔式锅炉

位于 85 米标高
平台的高位发电机组

位于传统标高平台的低位
发电机组

汽轮机高低位布置

让生产像生活一样有趣——智慧电厂

大数据、云计算、物联网、移动互联网、可视化、智能控制等技术的发展，为更加清洁、高效、可靠的智慧电厂发展奠定了基础。智慧电厂充分利用信息技术的发展契机，将电厂运行、维护、决策提升到更加智能的层次。例如，利用数字孪生电厂技术，实现设备的全寿命周期管理；利用定位技术，实现电子围栏和人员的安全管理；利用机器视觉技术，实现机器人巡检等。

小贴士

智慧电厂

智慧电厂是指以真实的物理电厂为基础，融合智能设备、智能控制、智能生产监管及智能管理和决策等先进技术，实现策划、设计、施工、调试、运行、维护和管理等全寿命周期的高度数字化、信息化、可视化、智能化的安全、经济、高效、环保的新型电厂。

大唐姜堰热电厂是智慧电厂建设的先行者。该电厂共包含五大智能模块：①基于"互联网＋"的安全生产管理系统（人员定位、虚拟电子围栏、智能"两票"、智能巡检）；②基于大数据分析的运行优化系统；③基于专家系统的三维可视化故障诊断系统；④三维数字化档案；⑤三维可视化智能培训系统（设备检修培训、工艺流程仿真培训）。

华电莱州发电厂3号机组集智能照明、智能吹灰、智能燃烧、数字煤场、现场总线等尖端技术于一体，堪称百万千瓦智慧火电的新标杆。例如智能燃烧，从燃料入厂到上煤入仓的各个环节，都体现了各种信息和自动化技术的深度应用：通过三维立体建模，能够实时查看来煤时间、煤质、煤量等详细信息；这些信息同时作为锅炉智能燃烧系统的决策基础，提高上煤效率和精准燃煤掺配；智能燃烧系统还根据燃煤热值、硫分等信息，自动调整燃烧工况，提升运行稳定性。

绿色煤电先行者——IGCC

整体煤气化燃气－蒸汽联合循环（Integrated Gasification Combined Cycle，IGCC）是20世纪70年代初开始研发的一种洁净煤发电技术。其主要工艺流程是：先将空气用冷却液化的方法分离出纯净的氧气，然后利用它们与煤在气化炉中反应生成一氧化碳、氢气等可燃气体组成的合成气，合成气经除尘、水洗、脱硫等净化处理后，到燃气－蒸汽联合循环发电机组燃烧做功发电，相当于在已经完全成熟的燃气－蒸汽联合循环发电机组的基础上，叠置一套煤的气化和净化设备，发电效率高，环保性能好，二氧化碳处理成本相对较低。尽管目前的建设成本较高，分离空气的自用电量占比较大，但如果分离空气的技术能取得突破，它就会成为最有发展前景的高效燃煤发电技术之一。

华能天津IGCC示范电厂是"绿色煤电"计划首期工程，是我国首座、世界第六座大型IGCC电厂，是国家洁净煤发电示范工程、"十一五"863计划重大课题依托工程和"基于IGCC的绿色煤电国家863计划研究开发基地"，于2012年11月投产发电，装机容量为265兆瓦，采用具有华能自主知识产权的两段式干煤粉加压气化炉及多项新技术、新工艺。

华能天津IGCC示范电厂

助力火电碳减排——碳捕集技术

化石燃料如煤炭、石油、天然气等，在燃烧过程中，产生大量的二氧化碳气体。据估算，2018年全球与能源相关的二氧化碳排放量达到330亿吨。持续大量排放二氧化碳将导致地球变暖，即产生温室效应，从根本上改变人类的生活环境，引发灾难。针对火电厂二氧化碳排放集中的特点，碳捕集、利用与封存（Carbon Capture Utilization and Storage，CCUS）技术应运而生，它采用一系列复杂的技术，将生产过程中排放的二氧化碳收集起来并进行提纯，或封存起来，或将其资源化投入新的生产过程中，循环再利用并产生经济效益。

小贴士

温室效应

太阳不断地向地球辐射能量，其中大部分经反射重新回到大气，大气中的二氧化碳就像包裹地球的一层厚厚的塑料膜，将原本应该散失的热量重新聚集，阻止地球热量的散失，从而导致全球温度升高，这就是"温室效应"。

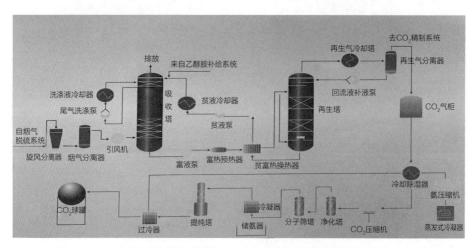

上海石洞口第二发电厂10万吨/年二氧化碳捕集系统

中国的碳捕集、利用与封存技术虽起步较晚，但发展迅速。国家能源集团在鄂尔多斯建设的10万吨/年的全流程碳捕集与封存示范工程，将超临界状态二氧化碳注入2243.6米深的地层，是世界第一个定位埋存在咸水层的全流程碳捕集、利用与封存项目。

2009年12月30日投入运营的上海石洞口第二发电厂碳捕集项目，是世界首套10万吨级的二氧化碳捕集装置，设计处理烟气量为66000米^3/时，设计年运行时间为8000小时，年生产食品级二氧化碳（纯度99.997%）10万吨。

2021年4月，中国华能清洁能源技术研究院与嘉能可公司签署合作协议，启动建设一套位于澳大利亚昆士兰州Millmerran电厂的二氧化碳捕集与封存示范项目，年捕集二氧化碳11万吨，永久封存在深度超过2千米的咸水层中。整个项目由中国华能清洁能源技术研究院负责设计、制造、供货与调试，这是中国参与的首个国际二氧化碳捕集与封存一体化项目，也是我国拥有自主知识产权的二氧化碳捕集技术首次整体出口至发达国家。

2020年9月22日，习近平主席在第七十五届联合国大会一般性辩论上作出"碳达峰、碳中和"的承诺，体现了我们作为一个大国的担当和责任。时至今日，中国作为煤炭利用大国，已经建立了一套完整的煤炭清洁高效利用体系，尤其在燃煤发电领域，一直朝着清洁高效的方向发展。通过广泛应用超超临界技术、超低排放技术等，中国的火力发电早已摆脱"污染"的旧有印象，成为世界先进火力发电技术的引领者、绿色能源的稳定提供者，将为中华民族的伟大复兴和世界的碳减排事业作出新的贡献。

滚滚江河嵌明珠——水力发电

　　水电是世界范围内应用历史最长、运行最为灵活、便于大规模开发的清洁可再生能源。水力发电技术一经问世，便受到世界各国的高度重视。欧美发达国家，在能源发展战略中无不将水电开发列为优先发展地位。凭借技术与资金的优势，这些国家的水能资源开发利用在20世纪70～80年代已达到很高水平。

小贴士

水力发电

　　水力发电先是把天然水流的能量（包括势能、动能）转换成水轮机的动能，之后，再以水轮机推动发电机产生电能。发出的电能通过输变电设施送入电力系统，供用电客户使用。水力发电是个"大家庭"，成员包括常规水电、抽水蓄能发电、潮汐发电、波浪发电。常规水电利用河川（包括河流、湖泊）水能发电，是技术成熟、开发最多的水力发电形式，长江三峡工程就是这种类型。抽水蓄能发电利用电力系统在负荷低谷时的多余电能将低处水库（下水库）内的水抽到高处水库（上水库），负荷高峰时再从上水库引水发电，将水排入下水库。潮汐发电利用海洋潮汐能发电。波浪发电利用海洋波浪能发电。

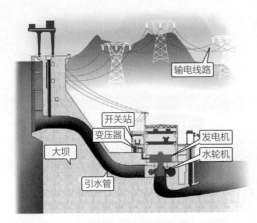

常规水电站工作原理图

我国水能资源得天独厚，资源量居世界首位。根据最新普查成果，中国大陆技术可开发装机容量约为6.6亿千瓦，年发电量约为3万亿千瓦·时。按利用100年计算（采用了最为保守的使用年限。实际上，世界范围内的水电工程普遍超过100年），发电量相当于1000亿吨标准煤的发电量。但限于资金与技术，水能富矿长时间未得到开发利用。1978年改革开放以来，中国水电经过多年的发展，成就举世瞩目。2003年，三峡工程首台机组并网发电，标志着我国水电建设水平走到了世界的最前列。到2004年，随着公伯峡水电站的投产，我国水电总装机容量突破1亿千瓦，超越美国成为世界第一。到2020年年底，我国水电总装机容量约为3.7亿千瓦，年发电量约为1.35万亿千瓦·时，均居世界第一。水电工程在保障我国供水安全、能源安全、应对气候变化和节能减排等方面，发挥了不可替代的作用。

水电行业持续高质量发展的同时，水电科学技术也不断进步。我国高坝筑坝、大流量高水头泄洪消能、大型地下洞室群建设、复杂基础处理、高边坡治理、施工导截流、金属结构与机电装备制造及安装调试等技术全面跻身世界前列。世界上最大的水电站是我国2003年建成投产的三峡工程；最高的碾压混凝土坝（216米）是我国2007年投产的龙滩水电站；世界上最高的混凝土面板堆石坝（233米）是我国2008年投产的水布垭水电站；最高

乌东德

世界第七大水电站

挡水建筑物为混凝土双曲拱坝，是世界上最薄的 300 米级特高
拱坝，也是世界首座全坝应用低热水泥混凝土浇筑的特高拱坝
总装机容量 1020 万千瓦
平均年发电量预计 389.1 亿千瓦·时
全部机组将于 2021 年投产发电

白鹤滩

世界第二大水电站

将安装世界上最大，堪称世界水电行业的"珠穆朗玛峰"的
百万千瓦水电机组 16 台
总装机容量 1600 万千瓦
平均年发电量预计 625.21 亿千瓦·时
全部机组将于 2022 年投产发电

溪洛渡

世界第四大水电站

总装机容量 1386 万千瓦
多年平均年发电量 616.2 亿千瓦·时
全部机组 2014 年投产发电

乌东德
389.1 亿千瓦·时

白鹤滩
625.21 亿千瓦·时

溪洛渡
616.2 亿千瓦·时

向家坝
308.8 亿千瓦·时

长江干流六座梯级开发巨型水电站

三峡
882 亿千瓦·时

向家坝

世界第十一大水电站

打造了世界上最大规模的沉井群
安装了目前世界最大单机容量 80 万千瓦超级水轮发电机组 8 台
总装机容量 640 万千瓦
多年平均年发电量 308.8 亿千瓦·时
全部机组 2014 年投产发电

三峡

世界第一大水电站

总装机容量 2250 万千瓦
多年平均年发电量 882 亿千瓦·时
全部机组 2012 年投产发电

葛洲坝

长江干流第一座水电站

总装机容量 273.5 万千瓦
多年平均年发电量 157 亿千瓦·时
全部机组 1988 年投产发电

葛洲坝
157 亿千瓦·时

的双曲拱坝（305米）是我国2013年建成投产的锦屏一级水电站。在水电机组制造方面，目前不仅世界上单机容量70万千瓦的水轮发电机组绝大多数都安装在中国，而且单机容量为80万千瓦和100万千瓦的水轮发电机组更是中国独有。

今天的中国水电已经是当之无愧的世界第一。

六朵金花——长江干流梯级开发

中国西部——大自然馈赠给了中国一片河流与高山交错、雄伟壮丽的神奇土地，这里是世界上水能资源最集中的区域之一，中国正在把这一馈赠变成惠及万家的清洁电能。

沿金沙江下游顺江而下，中国长江三峡集团按照国家安排，在长江干流开发运营了六座巨型梯级水利水电工程——乌东德、白鹤滩、溪洛渡、向家坝、三峡、葛洲坝，打造了世界上最大的清洁能源走廊，为国家高质量发展提供源源不断的绿色电能。

这条清洁能源走廊总装机容量7169.5万千瓦，年均发电量将达2978.31亿千瓦·时，约占中国水力发电总量的四分之一。除了提供绿色电能外，长江干流六座梯级水利水电工程还发挥着巨大的综合效益。总防洪库容达376.43亿米^3，超过长江流域重要大型防洪水库总防洪库容的一半，对保障长江流域防洪安全、航运安全、水资源安全、生态安全发挥着不可替代的作用。

小贴士

世界水电大国排名

根据国际水电协会发布的《2020水电现状报告 行业趋势与思考》，2019年，全球水电装机容量达到1308吉瓦（13.08亿千瓦）。前6位依次为：中国（356.40吉瓦）、巴西（109.06吉瓦）、美国（102.75吉瓦）、加拿大（81.39吉瓦）、印度（50.57吉瓦）、日本（49.91吉瓦）。2019年，水力发电产生的清洁发电量创下纪录，达到4306太瓦·时，这是历史上单一可再生能源贡献的最大发电量。

又一座大国重器——乌东德拔地而起

2020年6月29日，乌东德水电站首批机组成功并网发电。这意味着这座装机规模中国第四、世界第七的超级工程，将开始释放出发电、防洪、航运、促进地方经济社会发展等综合效益，中国的清洁能源强国之梦将再续华章。习近平总书记对金沙江乌东德水电站首批机组投产发电作出重要指示，强调：乌东德水电站是实施西电东送的国家重大工程。希望同志们再接再厉，坚持新发展理念，勇攀科技新高峰，高标准高质量完成后续工程建设任务，努力把乌东德水电站打造成精品工程。要坚持生态优先、绿色发展，科学有序推进金沙江水能资源开发，推动金沙江流域在保护中发展、在发展中保护，更好造福人民。乌东德水电站工程像一颗耀眼的新星，成为全世界注视的焦点。

乌东德，彝语意为"五谷丰登的坪子"，苗语则为"云雾缭绕的地方"。这个名字中集丰裕和优美于一身的地方，在金沙江下游河谷曾是一个默默无闻的小地方，而今却因成为中国电力建设史上的一个奇迹而闻名世界。

　　乌东德水电站是金沙江下游四个梯级电站的第一级，2015年12月全面开工建设，年均发电量389.1亿千瓦·时，总投资约1200亿元。乌东德水电站是党的十八大以来我国开工建设并建成投产的千万千瓦级巨型水电工程，是实施西电东送的国家骨干电源，是促进国家能源结构调整的重大工程，是实现"十三五"规划圆满收官、全面建成小康社会的标志性工程，也是新时代推进西部大开发形成新格局的基础性工程，对增加清洁能源供应、构建清洁安全高效的能源体系具有重大意义。

乌东德水电站：一江碧水的华丽转身

乌东德水电站

乌东德水电站全部机组投产后，将为粤港澳大湾区经济社会高质量发展提供绿色能源保障。每年可替代煤炭标准煤消耗1220万吨，减排二氧化碳3050万吨、二氧化硫10.4万吨，可有效缓解粤港澳大湾区能源短缺局面，减轻环境污染。

炫酷科技——乌东德水电站创造 7 项"世界第一"

与这项金沙江上的"大国重器"相伴而生的是诸多世界级水电科技难题，从2015年年底全面开工建设，到2020年首批机组投产发电，乌东德水电站创造了7项"世界第一"。

——世界最薄的300米级特高拱坝；

——大坝单位坝顶弧长泄量世界第一；

——地下厂房开挖高度世界第一；

——尾水调压室开挖半径世界第一；

——导流洞开挖断面世界第一；

——导流洞高度世界第一；

——已建成投产单机容量世界第一。

这些"世界第一"的后面，是乌东德建设者们创造的多项"炫酷科技"。

乌东德大坝最大坝高为270米，平均厚度为40米，厚高比仅为0.19，是目前世界上最薄的300米级双曲拱坝。之所以选择双曲拱坝设计，是因为乌东德坝址处于金沙江Ⅴ形河谷，最适合设计拱坝；而在最适合的地形上，选择最轻巧的坝型，就像鸡蛋壳一样，更好地发挥其"拱梁"作用，工程量最小、投资最少，可以获得最大的安全性和经济性平衡。

水急、崖险、谷深……金沙江向来是"天险之地"的代名词。藏于山体之中的裂隙，会为江水渗入大坝提供"可乘之机"。滴水可以穿石，也能啃噬任何一座出现裂缝的大坝。而乌东德大坝所在的金沙江干热河谷，受温度不均影响，坝体又极易产生裂缝。打造"无缝大坝"，是乌东德水电站的硬核指标。

许多电站会采取有盖重固结灌浆，即在基岩面上先浇混凝土，再打孔灌浆，以防止冒浆和串浆。但金沙江峡谷太窄，如果采用"有盖重"，就与狭小空间内的大坝混凝土浇筑互相干扰，不利于坝体均衡上升和温控防裂。我国总结提炼出了高拱坝"全坝基无盖重固结灌浆"成套技术，在大坝全坝基推广应用后，两个月内累计完成灌浆近2万米，灌后检查全部一次性合格。

温控防裂，是建造无缝大坝的关键；混凝土原料，是关键中的关键。一些水电站，曾将低热水泥混凝土作为大坝"退烧药"，而在最高气温可达40多摄氏度的金沙江干热河谷里，温控难度已然是另外一个量级。我国成功研发出一种性能更好的低热水泥混凝土，并应用于全坝而非局部坝体，开创了行业和世界水坝建造史上的先河。乌东德水电站大坝坝体埋设有数千支监测仪器，这些仪器如同一支支敏感的"温度计"，时刻记录并反馈坝体温度。那么，如何应对坝体温度过高？这就离不开大坝的降温神器——智能通水系统，它可以实现智能通水、智能喷雾等施工全过程、全方位精细化管控，将坝工建设由传统模式向智能化建设模式推进，形成中国坝工建设核心竞争力。在乌东德，新型的"退烧药"，让大坝保持恒温，再配有智能喷雾机，确保大坝时刻都处于"常温"舒适状态，混凝土温控防裂"世界级难题"的阻碍被冲破。

乌东德地下主厂房开挖最大宽度为32.5米，高度为89.8米，相当于30层楼高，是目前世界最高的地下电站主厂房。地下厂房建设如同"在豆腐块里施工"，为了"给豆腐块补钙"，在开挖乌东德地下电站主厂房时，综合采用具有针对性的固结灌浆、锚杆处理等技术，有效保障了施工安全。由于施工影响，地下电站主厂房四周的岩体状态、应力实时在变动。"高边墙开挖动态实时反馈分析系统"发挥了大作用，它可以进行三维设计，并根据安全监测数据进行实时计算，不放过四周岩体的任何小缺陷。在乌东德水电站工程建设现场，也分布着科技电影中常常出现的酷炫的"天眼"系统，充当大坝安全建设的"千里眼"。基于视频识别及红外热成像测温等技术，乌东德水电站基本实现了混凝土生产、运输、浇筑全过程监控；在错综复杂的地下洞室群，人员设备定位系统能帮助管理人员实时掌握关键性施工要素的分布与投入情况，并进行实时调度。利用激光夜视、光纤监测、动力响应监测等技术手段，完成边坡安全监测、地质灾害监测预警系统的建设及运用，通过实时监测，可对未来可能发生灾害的地段（点）作出风险评估和预测预报。

乌东德水电站左岸地下电站主厂房施工全景

国之骄傲——三峡工程的诞生

三峡工程是治理开发和保护长江的关键性骨干工程，具有防洪、发电、航运和水资源利用等巨大综合效益，对加快我国现代化建设进程、提高综合国力具有重要意义。

早在20世纪初，民主革命先行者孙中山先生就提出了开发长江三峡、改善航运并发展水力发电的设想。新中国成立后，毛泽东、周恩来、刘少奇、邓小平等党和国家领导人对治理长江水害、开发长江水资源极为重视，多次亲临长江和三峡坝址视察。经过40多年的论证、勘探、规划、设计，1992年4月3日，第七届全国人民代表大会第五次会议表决通过了关于兴

2002年11月6日，三峡工程导流明渠截流成功

建长江三峡工程的决议。自1994年三峡工程全面开工建设以来，江泽民、胡锦涛等党和国家领导人作出了一系列重要指示，成立了国务院三峡工程建设委员会，全力推进三峡工程建设。

2019年三峡水库完成175米试验性蓄水

三峡工程建设严格按设计要求安全有序进行，总工期17年，分三期施工。2008年开始正常蓄水位175米试验性蓄水，三峡工程开始全面发挥综合效益。2020年11月1日，水利部、国家发展改革委公布三峡工程完成整体竣工验收全部程序，三峡工程建设任务全部完成。三峡工程至今已经历十余年175米试验性蓄水检验，充分发挥了防洪、发电、航运和水资源利用等巨大综合效益。

2018年4月24日，习近平总书记来到三峡工程考察，他深情地说，三峡工程是国之重器，是靠劳动者的辛勤劳动、自力更生创造出来的。三峡工程的成功建成和运转，使多少代中国人开发和利用三峡资源的梦想变为现实，成为改革开放以来我国发展的重要标志。这是体现我国社会主义制度能够集中力量办大事优越性的典范，是体现中国人民富于智慧和创造性的典范，是体现中华民族日益走向繁荣昌盛的典范。

民之三峡——巨大综合效益的发挥

三峡水利枢纽坝址地处长江干流西陵峡河段、湖北省宜昌市三斗坪镇，控制流域面积约100万千米^2。三峡工程规模大、地理位置特殊，是长江防洪的关键骨干工程，能控制荆江河段洪水来量的95%以上，控制武汉以上洪水来量的2/3左右，特别是能够有效控制上游各支流水库以下至坝址约

30万千米^{2}暴雨区产生的洪水。三峡工程使荆江河段的防洪标准由10年一遇提高到100年一遇，有效保障人民生命财产安全，为长江中下游经济社会发展营造了安澜环境。

自2003年具备防洪调度能力以来，截至2019年年底，三峡工程17年间累计防洪运用53次，总蓄洪量1533亿米^3。其中，拦蓄超55000米^3/秒的洪峰洪水过程共14次。2010年、2012年最大洪峰分别达70000米^3/秒、71200米^3/秒，三峡水库削峰40%左右，有效控制下游沙市水位未超警，保障了大洪水时长江中下游的防洪安全。2020年，三峡工程更是应对建库以来最大洪峰75000米^3/秒洪水，防洪效益显著。

2020年，三峡工程应对建库以来最大洪峰75000米^3/秒洪水

三峡电站总装机容量为2250万千瓦，输电范围覆盖大半个中国，在优化能源结构、维护电网安全稳定运行、实现全国电网互联互通、促进节能减排等方面作用巨大。

截至2019年3月12日，三峡工程清洁能源累计发电量2.46万亿千瓦·时。其中：2014年发电988亿千瓦·时，创单座电站世界纪录；2018年发电1016.2亿千瓦·时，首次突破1000亿千瓦·时，创造国内单座水电站年发电纪录。2020年，三峡工程全年发电量达到1118亿千瓦·时，再次刷新单座水电站年发电量的世界纪录。三峡电站地处华中腹地，电力系统覆盖长江经济带，在全国互联电网格局中处于中心位置，对全国电网互联互通起到关键性作用，成为西电东送的中通道，实现了华中与华东、南方电网直流联网。

三峡水库蓄水极大地改善了长江重庆至宜昌间航运里程570～650千米，库区干流航道等级由建库前的III级航道提高为I级航道，库区航道年通过能力由1800万吨提高到1亿吨以上。2016年9月18日，世界上规模最大、技术最复杂、建设难度最高的三峡升船机进入试通航阶段，使三峡工程增加了一个近千万吨的快速过坝通道，进一步提升了三峡工程航运通过能力。

建设三峡工程是中华民族的百年梦想，历史意义重大而深远。经过几代人的探索与努力，三峡工程在大型水轮发电机组制造安装、大江截流及深水土石围堰施工、碾压混凝土围堰快速施工、混凝土持续高强度施工、大体积混凝土温控防裂等方面创造了一系列世界纪录和世界突破。世界规模最大、技术难度最高的三峡升船机，还因其执行"任务"的过程本身令人惊叹，而成为湖北宜昌一条亮丽的旅游风景线。

小贴士

三峡电站是当今世界上最大的水电站，

也是世界上最大的电站！

三峡电站总装机容量为2250万千瓦（22500兆瓦），是当今世界上装机容量最大的水电站，多年平均发电量882亿千瓦·时。随着长江上游水电站群的建成，实行联合调度，三峡电站年发电量进一步提高。截至2020年12月31日24时，三峡电站全年累计发电量1118亿千瓦·时，打破了2016年南美洲伊泰普水电站创造的年发电量1030.98亿千瓦·时的世界纪录。

●世界上最大的燃煤电站是中国的内蒙古大唐托克托发电厂，装机容量6720兆瓦。

●世界上最大的燃油电站是沙特阿拉伯的舒艾拜发电及海水淡化厂，装机容量5600兆瓦。

●世界上最大的燃气电站是俄罗斯的苏尔古特-2发电站，装机容量5597兆瓦。

●世界上最大的核电站是加拿大的布鲁斯核电站，共有2个站台，由8个压水式重水反应堆（PHWR）组成，总容量达6430兆瓦。

●世界上最大的太阳能电站是印度的巴德拉（Bhadla）太阳能发电站，总额定容量为2245兆瓦。

●世界上最大的风力发电场是美国的Alta风能中心（AWEC），装机容量1020兆瓦，目前正在扩建中，目标装机容量达到1550兆瓦。

打破束缚——实现巨型水轮发电机组国产化

三峡电站一共安装了32台额定容量700兆瓦的水轮发电机组。在三峡工程之前，中国自主研制的最大水轮发电机组仅为320兆瓦，没有700兆瓦水轮发电机组，而三峡电站机组比世界上当时已有的700兆瓦机组的运行条件更加复杂，是国际公认的设计、制造技术难度最大的机组。为了既确保三峡工程的质量达到一流，又不失时机地提升民族工业制造水平，国家决定在采购国外先进设备的同时，引进关键技术、消化吸收再创新，为特大型水轮发电机组国产化创造条件。依托三峡工程，我国的哈尔滨电气集团公司和东方电机有限公司在几家国际上最先进的设备制造商的积极配合下，成功走出了"技术转让—消化吸收—自主创新"三大步（被业界称为"三峡模式"），仅用7年时间就顺利完成了从左岸机组分包商到右岸机组独立承包商的重大角色转变，实现了我国水电重大装备研制核心技术30年的大跨越。

三峡电站水轮发电机组的组成部件个个都是"巨无霸"，最大单件的总重量达460吨，一台机组的总重量达7000吨，相当于法国巴黎埃菲尔铁塔所用钢材重量的总和。例如，机组转轮直径10米左右，重达400多吨；水轮机组顶盖直径12米，高2.7米，重147吨；发电机定子内直径超过18米，重量超过1800吨，等等。外形和重量如此巨大的庞然大物，其安装精度要求却是以零点几毫米甚至微米计，这对我国大型水电机组安装技术水平和能力是一个重大考验。三峡电站首创了国内外大型水轮发电机组安装技术和标准，创新了主要部件的安装和吊装技术、机组启动调试和在线监测技术，创造了单个电站年投产5000兆瓦装机容量的世界纪录，为机组的高标准运行稳定性和延长运行寿命打下了坚实基础。

三峡电站巨型水轮发电机组转轮吊装

三峡电站右岸26号机组定子吊装

三峡电站水轮机的运行水头为61~113米,水头变幅远远超出业界统计的经验范围,水轮机更易发生有害振动。当时,全球大型水电机组多数受到强烈振动、转轮裂纹等运行故障的困扰。为此,三峡电站突破了以效率和出力等能量指标为主导的传统设计理念，首次提出"将水轮机运行稳定性放在首位"的设计准则以及巨型水电机组运行稳定性控制指标，取得重大技术突破。按照常理想象，如此巨大的机组运转起来，应该机声隆隆，厂房颤动，而事实上，三峡机组运行时声音却不大，几乎感觉不到振动，曾经有一个试验，将一枚1元硬币竖立在运行中的水轮机顶盖上，硬币纹丝不动。

水轮发电机为立式结构，这为冷却介质的自然循环创造了必要条件，蒸发后的介质蒸汽可用环境温度的水直接冷却。然而，三峡电站水力发电机组容量达到了一个前所未有的水平，发电机定子铁心高度达4米，理论计算表明，这已经达到了空冷效果的极限。三峡电站在世界上首次自主研制了700兆瓦蒸发冷却水轮发电机，其定子绕组温升低且温度分布均匀，实现了巨型水轮发电机冷却技术领域的重大突破，成为世界首创全新冷却概念的巨型机组。首创了发电机振动源定量分析方法，利用电磁振动激振源特性计算方法，攻克了巨型水轮发电机电磁振动世界性技术难题，成功解决了三峡左岸部分进口发电机的电磁振动问题，将100赫（兹）电磁振动幅值削弱了87%，从根源上消除了有害高频电磁振动和噪声。

坝中"穿梭"——永久船闸和垂直升船机

三峡大坝坝前正常蓄水位为海拔175米高程，而坝下通航最低水位为62米高程，这就是说，三峡大坝上、下游之间水位的最大落差达到113米，船舶从下游驶往上游或从上游驶往下游，相当于要翻越40层楼房的高度，这就必须通过船闸或垂直升船机。人们形象地比喻船舶通过三峡船闸过坝是"爬楼梯"，船舶乘垂直升船机过坝是"坐电梯"。

　　三峡永久船闸为双线五级船闸，为目前全球级数最多的船闸，全长6.4千米，其中船闸主体部分1.6千米，引航道4.8千米，南北两线相当于公路上的双车道，一线上行一线下行。三峡永久船闸建造难度世界第一。为建船闸，建设者们削平了18座山头，硬是在坝区左岸山岗中劈出一条道来，这在世界水利建设中是一道难题。永久船闸共有24扇"人"字闸门，三分之二的"人"字闸门高36.75米，宽20.2米，厚3米，重达850吨，面积接近两个篮球场，其外形与重量均为世界之最，号称"天下第一门"。三峡船闸为与岩体共同工作的薄衬砌结构，结构最大高度达70米，是世界船闸衬砌式结构高度之最。这样一个庞然大物，完全是中国人自己制造的，而且制造水平相当高，不仅开关自如，还滴水不漏。

三峡工程双线五级永久船闸鸟瞰

在施工过程中，三峡船闸进行175米深切岩坡开挖，其下部直立开挖部分需作为船闸结构的组成部分，要求保持岩坡的强度和完整性，高薄衬砌墙混凝土浇筑、高大闸阀门设备的安装等施工难度均非一般船闸施工可比。三峡船闸拥有复杂地质条件下高达68.5米直立岩坡的开挖、300吨级长达60米的水平锚索施工技术新高度，混凝土浇筑首创先进立模施工新技术。

为了适应三峡工程围堰发电期、初期和后期不同运行水位的需要，三峡船闸在设计上采用了第一、二级船闸底槛及相应闸门和启闭设备分两次建设的方案。船闸第一次建设只能适应水库水位在135.0～156.0米之间运行，为适应最终设计规模水库水位在145.0～175.0米之间运行，在2006年9月进行船闸完建工程施工。一、二闸首及闸室底板抬高8米，拆除并重新定位安装顶底枢、承压条，浇筑闸首及底板混凝土。为满足施工要求，需将重850吨的"人"字闸门抬升悬空约80天，三峡船闸采用液压顶升、计算机控制钢丝绳悬吊、辅助支撑整体框架方案，成功实现了这一施工需求。

三峡垂直升船机是三峡工程永久通航设施之一，其主要功能是为客、货轮提供快速过坝通道，并与双线五级船闸联合运行，提高枢纽的航运通过能力，保障枢纽通航质量。三峡升船机设计通航船舶为3000吨，提升高度113米，提升重量15500吨，上/下游通航水位变幅为30米/11.8米，承船厢内部净长120米、宽18米、水深3.5米，可容纳一艘3000吨级船舶，是目前世界上过船规模、提升高度、提升重量、通航水位变幅最大，技术最复杂的升船机。三峡垂直升船机运营后，船舶过坝时间由通过永久船闸的3.5小时缩短为约40分钟。

三峡升船机历经 50 余年的方案比选和设计分析论证，最终采用了在承船厢水漏空、地震等极端事故工况下，也不发生承船厢坠落事故的"齿轮齿条爬升、长螺母柱－短螺杆安全保障机构、全平衡一级垂直升船机"的技术方案，创造了 168 米高钢筋混凝土塔柱结构施工无裂缝、125 米齿条螺母柱安装垂直度小于 3 毫米、承船厢全行程全天候运行无卡阻、四个驱动点高程同步偏差小于 2 毫米的建设奇迹，标志着我国已掌握超大型升船机建设技术，齿条螺母柱、承船厢及其设备等大型部件制造达到国际领先水平，实现了从"中国制造"到"中国创造"的飞跃。

三峡升船机安全平稳运行，3000 吨级船舶坐"电梯"过三峡大坝

工程奇迹——三峡大坝世界之最

三峡水利枢纽是由大坝、电站厂房和通航建筑物等组成的特大型水利枢纽工程，单就坝长、坝高、库容等单项指标来看，三峡工程都不是世界最

大的，但其综合规模却堪称世界之最，是世界第一大水电工程。三峡枢纽工程的混凝土浇筑总量达到2807万米³，是世界上规模最大的混凝土建筑物。面对三峡水利枢纽泄洪流量大、机组台数多、运行条件复杂的布置难题，创新性地在河床中部布置泄洪坝段、两侧布置厂房坝段、两岸山体布置通航建筑物和地下电站，在主要建筑物之间布设排沙和排漂设施，分期施工、两次导流截流。

三峡大坝横跨长江（世界第三大河，亚洲第一大河），建于两岸悬崖峭壁之间，位于西陵峡中段湖北省宜昌市境内的三斗坪，其全长约2309.47米，全线浇筑达到设计高程185米，最大坝高181米，相当于60层楼房的高度，坝顶最大宽度22.60米，坝底最大宽度126.73米，是世界上规模最大的混凝土重力坝。三峡大坝的重量主要包括混凝土、发电机组设备、各种金属埋件和闸门等金属结构的重量，总计约为4000万吨，相当于5个半埃及胡夫金字塔的重量。

三峡工程在长江综合防洪体系中，关键时刻可以起到错峰、削峰的作用。当上游多雨时，成功地阻拦洪峰的到来，将大量来自上游的雨水阻拦在三峡大坝内，减轻下游的防洪压力，为下游应对洪涝灾情争取时间；三峡大坝正常蓄水位175米时的总库容量高达393亿米³，相当于可以装载长江一年流向大海里的水的总量的4%，能力惊人。三峡大坝共有77个孔，泄洪坝段布置三层泄洪孔，采用"平面相间、高低重叠"型式，从上层往下，依次叫溢流表孔、泄洪深孔、导流底孔，共67个孔，左右电厂厂房坝段设置了7个排沙孔、3个排漂孔，校核洪水时坝址最大下泄流量达102500米³/秒。

混凝土重力坝是依靠自身重量及其与地面的摩擦力抵抗水库上游水的压

力荷载，以维持自身稳定的大坝。经计算，三峡大坝正常蓄水175米时，整个大坝将承受约2000万吨的水压。在国内外水利水电工程建设中，历来有混凝土大坝"无坝不裂"之说。这是由于大体积混凝土在凝固过程中会产生热量，导致大坝内部温度升高，当外界环境温度较低时，大坝内外的温度差形成的拉力会破坏混凝土，产生裂缝。三峡大坝的建设，在用料和施工工艺上均形成了创造性的突破。

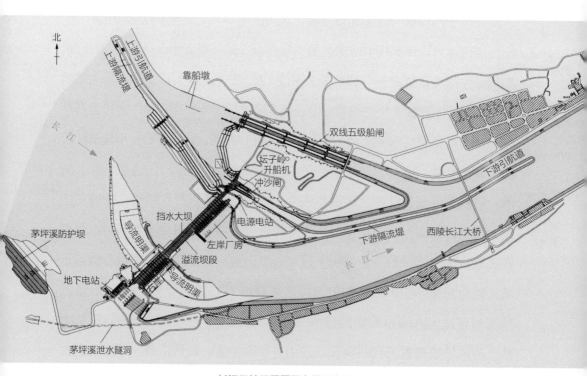

长江三峡工程平面布置示意图

三峡左岸大坝曾出现过少量裂缝宽度0.1~0.3毫米的表面温度裂缝，最宽为1.25毫米，对这些裂缝采取化学灌浆为主的"五道防线"综合处理，

三峡水利枢纽工程全貌

裂缝处于闭合状态，大坝运行状态安全。在总结左岸大坝施工经验的基础上，右岸大坝混凝土施工采取了更加周密的温控措施，至今尚未发现混凝土表面温度裂缝。

三峡大坝混凝土具有高耐久、高抗裂、施工性能优良的性能，其主要原材料骨料、水泥、粉煤灰、拌和水、外加剂等都是严格优选出来的。三峡大坝的骨料来源于大坝基坑、船闸和料场开挖出来的新鲜花岗岩，具有较高的抗压强度。水泥是骨料的黏合剂，使骨料由一盘散沙成为坚如磐石的混凝土坝体。三峡大坝选用低热或中热水泥，具有低发热性，可降低大坝内部混凝土的水化热温度，具有微膨胀性，可减少混凝土干缩裂缝；粉煤灰可取代部分水泥并减少水泥硬化过程中的发热量，同时利用粉煤灰的微珠效应，大大改善混凝土拌合物的和易性，降低混凝土用水量，方便混凝土振捣施工。

三峡大坝混凝土工程量大，总混凝土量达2807万米^3，其中大坝混凝土1600万米^3。三峡工程采用以架空的皮带输送机加塔式皮带

三峡工程泄洪坝段布置三层泄洪孔

机入仓连续浇筑为主的方案,再辅以成套的混凝土生产设备、吊运等专用设备,形成了一个崭新的大规模混凝土施工系统,首次实现塔带机、门塔机、缆机三类浇筑机械联合作业,创造了年浇筑混凝土548万米^{3}的世界纪录。同时,在施工过程中采取"夏吃冰棍,冬穿棉袄"的温控措施,夏季拌和混凝土时加入冰屑,配合负温风冷骨料拌和出7摄氏度低温混凝土;冬季来临之前,给一年以内拆除模板的坝段在混凝土表面盖保温被、泡沫塑料等保温材料。两者实质上都是为了减小大坝混凝土内部与外界环境的温度差,避免大坝产生温度裂缝。

小贴士

三峡大坝的"寿命"有多长？

一个人的寿命长短，是由先天基因和后天的身体状况以及客观环境等因素决定的。三峡大坝是由混凝土、金属结构组成的非生命体，包括可维修和不可维修两部分。三峡大坝的"寿命"主要取决于大坝混凝土质量，因为进出水孔口、水轮发电机组、闸门等可维修部分，每年都会进行监测、维护和维修，有些部件根据损坏情况可以进行更换，"他们"都是可以通过"器官"诊治和移植而无限持续下去的。

三峡大坝混凝土选材优良，严格按照规范和施工程序施工，施工质量100%合格。抗拉、抗压、抗剪强度等混凝土强度指标100%合格，且强度不会因为工程建成而停止，反而会增长。抗溶蚀、抗冻性和碳化等混凝土耐久性指标100%合格，抗冻性指标为150~250次，即至少可以经得起150~250次的冻融考验，而三峡大坝位于亚热带气候的宜昌三斗坪，气候较温暖，出现冻融循环的机会很少，这样来看，三峡大坝的"寿命"将会超过150年。再有，通过"蓄清排浑"的运行调度，三峡水库可以长期使用；三峡大坝建立在坚硬、完整的花岗岩地基上，位于弱震地区，地震基本烈度是Ⅵ度，而三峡大坝按照7度设防，抗震能力较强。

这样分析，三峡大坝的"寿命"远在百年之上，并且实际上还可以通过维护和维修来"延年益寿"。

风光能源进万家——风光发电

在浩瀚的宇宙中，太阳是离地球最近的恒星，它炽热无比，光芒万丈，时刻向宇宙发射光和热，是一个巨大、恒久、无尽的能量来源，来自太阳的金色能量称为太阳能。地球所接收到的太阳能仅为太阳总辐射能量的 22 亿分之一左右，这个看似很微小的比例，实际上却是超乎想象的大。地球每秒钟接受的能量就相当于 500 万吨标准煤燃烧产生的能量，每小时收到的太阳能要远远多于人类每年消耗的能量总和！

太阳除了给地球带来光和热之外，还带来了风。作为一种自然现象，风与地理、气象因素关系密切，影响人类生活的方方面面。太阳辐射到地球的能量中，约 2% 转化为风能。风能蕴藏量巨大，地球上的风能约为 2.74×10^9 兆瓦，其中可以利用的约 2×10^7 兆瓦，这个数量有多大呢？它是地球上可开发利用的水能总量的 10 倍！

最重要的是，太阳能和风能是可再生的，几乎可以说是取之不尽、用之不竭的。它们是清洁能源，利用太阳能和风能不会造成空气污染。面对当前世界发展中，能源消费的增长、环境保护的压力、可持续发展的迫切需求，广泛、深度利用这些清洁能源发电必将成为解决人类社会能源与环境困境的一把关键"钥匙"。

中国的风力发电研究始于 20 世纪 50 年代后期，当时主要是离网小型风电机组的建设。70 年代末，中国开始进行并网风电的示范研究，并引进国外风机，建设示范风电场。1986年，中国第一座风电场——马兰风力发电场，在山东荣成并网发电，拉开了中国风电商业化运行的大幕。此后，新疆、内蒙古、广东、辽宁、吉林、福建、浙江、海南、山东、河北、甘肃等省区，陆续建设了一批风电场。到2001年年底，全国风电装机容量为40万千瓦。

进入21世纪，国家将可再生能源的开发提上了重要日程。乘着《中华人民共和国可再生能源法》（2006年实施）和各种鼓励扶持政策的东风，风电建设突飞猛进。2004年年底，中国风电装机容量仅有74万千瓦，此后5年，几乎以每年翻一番的速度推进。到2010年年底，我国风电装机容量突破4000万千瓦，超过美国，成为世界第一风电大国。截至2020年年底，中国风电装机容量达2.81亿千瓦。

随着风电技术的成熟和陆地空间的局限，海上风电开发成为全球风电发展的重要方向。相比陆上风电，中国海上风电还处于起步阶段。2007年，中国第一台海上风力发电机组在渤海油田建成投产。第一个近海海上风电场——上海东海大桥海上风电场，于2010年6月建成。该项目是全球在欧洲之外的第一个海上风电并网项目。同年9月，全球首座潮间带风电场——江苏如东潮间带风电场成功建成，填补了世界潮间带风电开发空白，并为国产海上风电机组走向成熟提供了试验平台。

目前，风电在我国已是继火电、水电之后的第三大电源。

太阳能发电方式中应用最多的是光伏发电，光伏发电系统中主要的部件是太阳能电池。中国的太阳能电池首先成功应用于"东方红二号"人造卫星，20世纪70年代，中国开始将太阳能电池应用于地面。90年代中期，光伏发电进入稳步发展时期。在世界光伏发电市场的强力拉动下，2002年以后，中国光伏发电产业进入快速发展阶段，太阳能电池产量以超常规速度迅速增长，2007年，我国一跃成为全球最大太阳能电池生产国，并延续至今。2009年，中国正式启动"金太阳"示范工程。在一系列国家政策的引导下，国内光伏发电应用市场获得快速发展。中国光伏发电装机容量由2008年年底的14万千瓦发展到2015年年底的4318万千瓦，成为全球光伏发电装机容量最大的国家。截至2020年年底，我国光伏发电装机容量达2.53亿千瓦。当前，中国用于光伏发电的工业硅生产已居全球第一，硅片加工生产规模已达世界级水平，太阳能电池及组件产能和产量均居世界首位。中国已成为全球最大的光伏设备市场，并形成了一条较为完善的规模化产业链，推动中国乃至全球光伏发电的快速发展。

小贴士

2020年我国可再生能源开发利用情况

截至2020年年底，我国可再生能源发电装机容量达9.34亿千瓦，同比增长17.5%，占发电总装机容量的42.4%。其中，水电装机容量3.7亿千瓦、风电装机容量2.81亿千瓦、光伏发电装机容量2.53亿千瓦、生物质发电装机容量2952万千瓦，分别连续16年、11年、6年和3年稳居全球首位。

2020年，我国可再生能源保持高利用率水平，全国可再生能源发电量达22148亿千瓦·时。

我国可再生能源实现跨越式发展，开发利用规模稳居世界第一，非化石能源占一次能源消费比重达到15.9%，如期实现2020年非化石能源消费占比达到15%的承诺。

风吹绿电来——风力发电

风能作为可再生清洁能源，蕴藏量巨大。将风蕴含的动能转换为电能的方式即为风力发电，风力发电已有一个多世纪的发展历程。我国风能资源丰富，特别是在"三北"地区，即东北、华北、西北地区，风力发电有广泛的应用前景。

风力发电的基本原理就是风吹过风轮叶片，驱动风轮旋转，将风的动能转变为风轮的机械能，发电机在风轮的带动下旋转发电，将机械能转变为电能。将风能转换为电能的设备是风力发电机组，简称风电机组，它由风轮、传动系统、发电机、机舱、塔架、机组基础以及控制系统和偏航系统等构成。

风轮

风电机组外形图

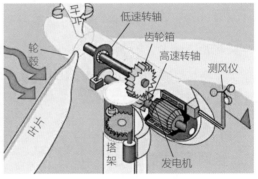

风电机组发电示意图

风力发电由风作为原动力，但并不是风越大越适合发电。风速过大，会导致风电机组摆幅增大，叶片损坏甚至折断等。一般风速为3~25米/秒，即3~9级的风可用来发电。随着科学技术的发展，低风速风电机组开发和制造技术取得突破，逐渐展开应用。

众所周知，海面上的风能资源比陆地上丰富，很少有静风期，能更有效地利用风电机组发电。海上的风速随高度的变化小，不需要很高的塔架。海上没有复杂的地形，对气流的影响小，因此减小了风对风电机组的疲劳损耗，可延长其使用寿命。另外，海上风电不占用宝贵的陆地资源，适合安装大型机组。目前，很多国家都在发展大规模海上风电，海上风电开发已成为风电的发展趋势。

小贴士

利用风能的困难之处

一是风功率密度低，也就是说风能虽然大，但是单位土地面积可获得的能量有限。如果我们利用化石能源，开采一个煤矿或者油田就行了；如果利用水能，在合适的地方修个水电站就可以了。风能处处都有，但把它们集中利用是有难度的，因此需要选好风电场场址，形成规模化利用。二是风能不稳定、不规律，一阵风大，一阵风小。三是风能的分布很不均匀，要想利用好风能需要很多技术手段。

长风万里度千山
——首个千万千瓦级风电基地（甘肃酒泉风电基地）

7月底的酒泉，一场大雨过后，戈壁滩上一丛丛绿色迎着凉爽的夏风舒展着身姿，而公路旁整齐林立的白色风机，像是一个个高大的纺车，不急不慢地转动着，一条条输电线路像是"纺车"纺出的线，越过千山万水、古堡旧关，延伸到很远。在这东起玉门、西至瓜州、南连祁连山、北到马鬃山的

甘肃酒泉千万千瓦级风电基地

广大戈壁滩上，我国首个千万千瓦级风电基地——甘肃酒泉风电基地驭风而建。

酒泉市地处甘肃省河西走廊西端，特殊的地理环境和地形及季风的影响，使酒泉蕴藏着丰富的风能资源，在国家风能资源区划中被确定为风能资源丰富区，其境内的瓜州县被称为"世界风库"，玉门市被称为"风口"。酒泉地区风能资源理论总储量为1.5亿千瓦，可开发量4000万千瓦以上。10米高度风功率密度为250~310瓦/米^2，年平均风速在5.7米/秒以上，年有效风速小时数在6300小时以上，年等效满负荷发电小时数约为2300小时，无破坏性风速，适宜建设大型风力发电场。

甘肃酒泉风电基地规划总装机容量12710兆瓦，装机主要分布在马鬃山、柳园、干河口、北大桥、桥湾、三十里井子、昌马和低窝铺。基地一期工程于2009年8月开工建设，总装机容量3800兆瓦，于2010年11月建成发电。二期工程首批3000兆瓦工程于2012年9月取得核准。酒泉风电基地一度号称"陆上三峡"，是我国继西气东输、西电东送和青藏铁路之后，西部大开发的又一标志性工程。

酒泉换流站

酒泉风电基地建设过程中，通过加快建设新能源并网工程和跨区跨省输电通道，打造清洁能源大范围

酒泉瓜州境内风电场配套电力送出线路

优化配置的坚强平台，让风电及时并网、顺畅送出、高效消纳，满足新能源集中大规模开发和全国消纳需求。酒泉—湖南 ±800千伏特高压直流输电工程能够将甘肃的风电等可再生能源发电送至2000多千米外的湖南，满足湖南四分之一的用电需求。随着酒泉千万千瓦级风电基地二期二批首期100万千瓦风电项目的开建，瓜州新能源建设项目再次加速。"十三五"末，瓜州县电力装机总容量达920万千瓦，千万千瓦能源基地建设基本成形。

酒泉千万千瓦级风电场的建设，不仅可以提供清洁的能源，也让甘肃西部恶劣的气象条件变害为宝。古人印象中的酒泉，是春风不度玉门关、黄沙万里白草枯，如今，风电基地和输电线路的建成确保酒泉戈壁滩上的绿色风电，源源不断地输送到经济发展最需要的地方。

海上捕风生明月
——首个近海海上风电示范项目（上海东海大桥海上风电场）

当我们驾车行驶在上海东海大桥之上，会注意到辽阔的东海海面上矗立着34台巨大的风机，强劲的海风吹动叶片，风能转化成的电能，源源不断地通过海底电缆向外输送。

上海东海大桥海上风电场

这是中国，也是亚洲第一个大型海上风电场——上海东海大桥风电场，平均年发电量约为2.45亿千瓦·时，可供上海20多万户居民全年使用，每年可以节约标准煤7.6万吨，减排二氧化碳19万吨，相当于可以为上海减少20万辆小轿车排放的污染。

东海大桥海上风电场位于上海洋山海域，总装

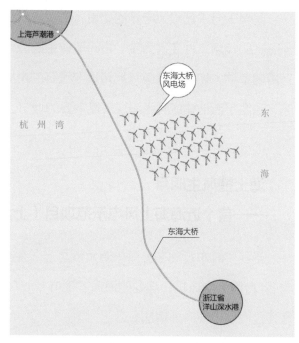

上海东海大桥海上风电场总体布置

机容量为102兆瓦。风电场海域平均水深约为11米，平均潮差为2.96米，场址区域90米高度年平均风速为7.7米/秒，年平均风功率密度为443.6瓦/米²。风电场最北端距离岸线8千米，最南端距岸线13千米，在上海东海大桥东侧海域平行于岸线方向布置了5排风电机组，单机容量3兆瓦级，共34台。

东海大桥海上风电场在中国风电场建设史上创造了多项"第一"：

第一次采用自主研发的3兆瓦离岸型机组，该机组采用可靠的变桨变速双馈恒频发电技术，拥有大部件单元自维修系统，并采用了紧凑型结构和负荷分流技术及先进的机舱换热防盐雾腐蚀系统等，标志着中国大功率风电机组装备制造水平跻身世界先进行列。

第一次采用海上风机整体吊装工艺，即工程海上整体组装，海上整机运输，海上整机吊装，兼有软着陆及定位功能吊装体系缓冲着陆定位安装工艺，大大缩

海上风电场建设

短了海上施工周期，创造了一个月在工装船上组装10台、海上吊装8台的纪录。

第一次使用高桩承台基础设计，与其他海上风机基础结构相比，具备结构安全性能高、施工方便、施工风险小、风机基础结构调平容易实现等优点，有效解决了高耸风机承载、抗拔、水平移位的技术难题。

东海大桥海上风电项目在机组研制、支撑系统设计和施工、运输和吊装、运行和维护、工程造价、成本核算及电价定价系统方面为海上风电开发提供了重要参考价值，填补了中国在海上风电的主设备制造、工程设计、施工、管理等方面的空白，标志着中国海上风电工程技术达到了国际先进水平。

金色能量变成电——太阳能发电

太阳能发电主要分为太阳能光发电和太阳能热发电，两者都是清洁的发电方式,不向外界排放污染物。

　　太阳能光发电可分为光伏发电、光感应发电、光化学发电和光生物发电。光伏发电利用太阳能电池有效吸收太阳辐射,将太阳辐射能直接转换成电能输出,是当今世界太阳能发电的主流方式。光伏发电系统的主要部件是光伏阵列、蓄电池组、控制器和逆变器。光伏阵列:由若干个太阳能电池组件经串联和并联排列而成,负责把太阳辐射的光转化成直流电。太阳能电池可以在任何有阳光的地方使用,不需要其他燃料,但到了晚上,这种电池就得休息了。蓄电池组:白天,在光照条件下,蓄电池组将电能储存起来。晚上,蓄电池组将储存的电能释放出来,保障正常供电。控制器:一种电子设备,它的作用是防止蓄电池组过充电和过放电,并具有简单的测量功能。逆变器:负责把光伏阵列产生的直流电转换成交流电,这种交流电就是我们日常生活所用的电能。

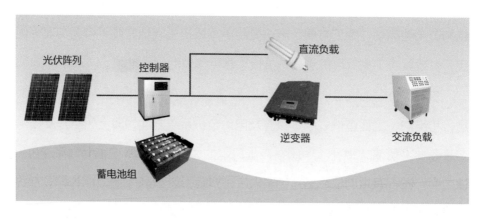

光伏发电系统示意图

　　太阳能热发电可分为热直接转换和热间接转换两种类型。热直接转换是将太阳热能直接转化成电能,如利用半导体或金属材料的温差发电、热离子

小贴士

太阳能电池

太阳能电池是由具有光伏效应的半导体材料制作而成的。从第一块实用硅太阳能电池起，科学家和工程师就一直在寻找合适、廉价的原材料，开发经济实用的制造技术来生产太阳能电池。正因如此，我们现在才能看到这些多种多样的太阳能电池。

单晶硅太阳能电池

多晶硅太阳能电池

铜铟镓硒薄膜太阳能电池

碲化镉薄膜太阳能电池

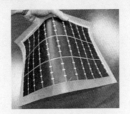
砷化镓化合物基太阳能电池

发电等。热间接转换是将太阳热能聚集起来，把太阳能先转化为热能，再把热能转化成机械能，最后转化为电能，转化的过程是通过汽轮机带动发电机发电的，与常规火力发电原理类似，只不过其热能不是来自燃料，而是来自太阳能。目前开发的太阳能热发电以热间接转换为主，有碟式、抛物面槽式、塔式和线性菲涅耳式等形式。与太阳能光伏发电相比，太阳能热发电的优势是可以利用热储存装置将白天太阳能产生的热能储存起来，到了夜晚就可以继续进行能量转换，昼夜不停地进行发电。这种电站不仅可以发电，还可以供热，可谓一举两得。

小贴士

太阳能发电优缺点

太阳能发电的优点是普遍、清洁、长久、巨大。太阳能是太阳直接辐照到地球的能量，不需开采、运输，有阳光的地方就能利用；无毒、无污染、无噪声；取之不尽，用之不竭；太阳每秒钟照射到地球上的能量相当于500万吨标准煤燃烧产生的能量。

太阳能发电的缺点是能量密度较低、不稳定，一次性投资较大等。

太阳城里绿电多——格尔木 200 兆瓦光伏电站和 50 兆瓦塔式光热电站

格尔木的资源优势、土地优势、电网优势、产业优势等，决定了其在青海省乃至全国具有得天独厚的发展太阳能产业的条件。海拔2780米的格尔木常年万里无云，艳阳高照，是全国光照资源最为丰富的地区之一，年日照2859~3358小时。格尔木大部分地区地广人稀、土地平坦、地质结构稳定，可为大型光伏电站建设提供较好的土地资源。格尔木陆续建设了一批电源和电网工程，使电网骨架更趋坚强、电源结构更为合理。全市大力实施"工业强市"战略，形成了以大型钾肥、盐化、石化、黑色有色金属选冶、特色轻工业为主的产业框架，用电负荷的增长也十分迅速。

当人们发现格尔木的太阳是一轮"金太阳"时，大批企业和投资商开始追逐太阳要经济效益，109国道旁一个个太阳能电站相继建成。其中，尤为特别的是"老大哥"格尔木200兆瓦光伏电站和"新伙伴"格尔木50兆瓦塔式光热电站。

"老大哥"格尔木200兆瓦光伏电站。它是位于中国青海省格尔木市东出口、109国道以北荒漠沙地的并网光伏电站，占地面积约为5.64千米^2，

格尔木200兆瓦光伏电站

距离市区30千米，于2011年9月30日具备发电条件。该电站的一次性单体投资规模、总装机容量与占地面积曾一度占据世界榜首。

格尔木光伏电站由生产区和管理区组成。生产区包括光伏阵列、光伏逆变器室、箱式变电站及检修通道等，光伏阵列由192个子方阵组成，均采用多晶硅太阳能电池组件。该电站采用分块发电、集中并网方案。

"新伙伴"格尔木50兆瓦塔式光热电站。2019年9月19日18时02分，鲁能海西州多能互补集成优化示范工程中50兆瓦塔式光热发电项目一次并网成功。该项目采用塔式熔盐太阳能热发电技术，由聚光集热系统、储热和蒸汽发生系统、高温高压再热纯凝汽轮发电机系统以及其他辅助设施组成，其中吸热塔高188米，定日镜共计4400块，单块镜面138米^2。项目建有1套聚光集热系统、1套储热和蒸汽发生系统、1

格尔木50兆瓦塔式光热电站

套高温高压再热纯凝汽轮发电机系统以及其他辅助设施。

针对太阳能的间歇性、波动性问题，该项目采用最先进的聚光技术，通过自身配备大型储热系统，实现24小时稳定连续发电，有效解决"弃光"难题，促进了我国光热技术进一步发展。

青海格尔木向天要电，让太阳出来赚钱，并将这从天而降的清洁能源远送万里。

存储风光——风光能源与化学储能联合发电

以风力发电、太阳能发电为代表的新能源，其发电出力都存在较大的波动性和多变性，对电网的可靠性造成了冲击，导致其大规模开发利用成为世界性难题。那么，是否可以将电能存储起来，就像我们生活中常见的干电池一样呢？如果在风力发电、太阳能发电系统中加入储能技术，将电能储存起来，在新能源发电出力波动时，就可实现实时调节，达到平稳输出、提高电能质量的目的。

风力发电 + 化学储能

风力发电＋化学储能

　　风能的随机性、间歇性，造成了风力发电出力忽高忽低、极不稳定的情况，而将风力发电与化学储能系统进行联合，以风力发电为主，储能设备根据风力发电出力实时调节，即在风力发电出力过高时，对化学储能系统进行充电，而在风力发电出力较小时，由化学储能系统放电补充。风储联合抑制了出力波动并适当填补差异，实现了新能源发电输出的平稳可控。

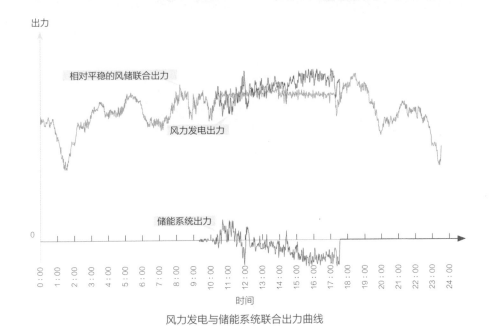

风力发电与储能系统联合出力曲线

太阳能光伏发电 + 化学储能

　　阴晴变化、云卷云舒都会造成太阳能光伏发电输出功率的振荡，会给电网运行造成困难。为了提升光伏发电的电能质量，提高电网的安全稳定性，引入化学储能是有效措施之一。对应相应的天气情况，化学储能系统进行充放电实时调节，从而及时地抑制波动并适当地填补差异，确保光伏发电与储能系统联合输出平稳可控。

太阳能光伏发电 + 化学储能

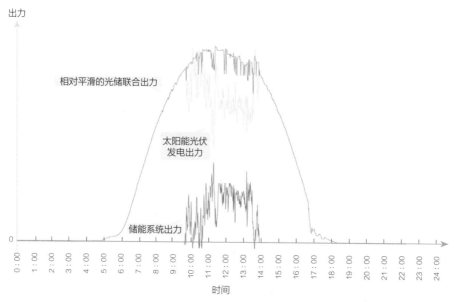

太阳能光伏发电与储能系统联合出力曲线

风力发电 + 太阳能光伏发电 + 化学储能

风力发电 + 太阳能光伏发电联合形式的出力虽可以在一定程度上减小出力波动、提高电能质量，但其出力与火力发电等传统发电方式相比仍有一定差异。

为了进一步解决风力发电＋太阳能光伏发电联合形式出力不够平滑、不够稳定的问题，将化学储能技术运用进风力发电＋太阳能光伏发电的联合发电系统中，即风光储联合发电，可使电能平稳输出，为用户提供高品质电能。

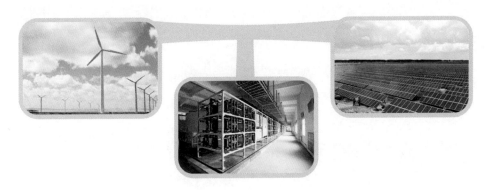

风力发电＋太阳能光伏发电＋化学储能

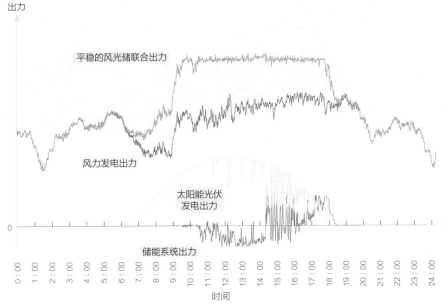

风光储联合出力曲线

风光联手创辉煌
——首个国家风光储输示范工程（张北风光储输示范工程）

张北地区风光资源丰富，坝上的劲风成为张北地区取之不尽的"聚宝盆"，充足的日照又成为当地用之不竭的"加油站"；并且，张家口坝上地区有着冬春日照短、风力大，夏秋日照充足、风力弱，白天日照强、风速小，夜晚没有日照、风速大等气候特点，风能与太阳能在时间和空间上有着极强的互补性。在张北地区建设风光储输示范工程，确是顺时应势，捕捉天机。

张北风光储输示范工程

张北风光储输示范工程是我国在世界上第一次采用风光储输联合发电技术路线，自主设计建造的全球规模最大、综合利用水平最高，风力发电、光伏发电、储能系统、智能输电"四位一体"的新能源综合性示范项目。示范工程位于河北省张家口市张北县大河乡，总体规划建设风力发电装机容量500兆瓦、光伏发电装机容

量100兆瓦、储能系统容量70兆瓦，于2009年
4月开工建设，是国家"金太阳"工程重点项目、
国家科技支撑计划重大项目和国家电网公司坚强
智能电网建设首批试点项目，曾于2016年荣获第
四届中国工业大奖。

张北风光储示范工程

　　如今，这个示范工程以开放的姿态展示在世人面前，新能源的光芒照耀
着广袤的草原。让我们在了解它如何突破新能源大规模并网运行这一世界性
难题的同时，感受它与自然和谐共生之美吧。

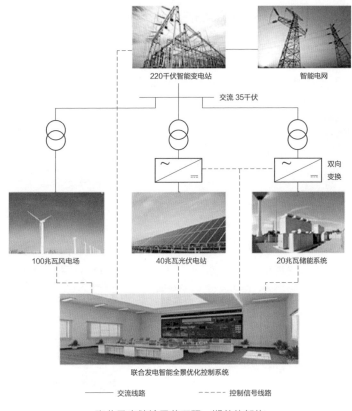

张北风光储输示范工程一期总体架构

示范工程建成了国内首个智能网源友好型风电场、国内容量最大的功率调节型光伏电站、世界上规模最大的多类型化学储能电站。它把难以预测、控制和调度的风能资源、太阳能资源以及具有储存能力的储能电站合为一体，通过一体化监控系统，使发电出力在"平滑波动"和"削峰填谷"等运行模式间灵活切换，转化为优质可靠的绿色电能输送到电网中，为解决新能源大规模集中开发、集成应用的世界性难题提供了"中国方案"。

示范工程投运后，为节能环保作出了巨大贡献。据统计，每年至少减少27万吨二氧化碳排放，相当于少消耗760.79万升汽油、41.6万桶原油、10.8万吨标准煤或1.01万米^{3}天然气所产生的二氧化碳，在节能减排上代表了中国的态度和能力。与此同时，示范工程的风机下面长满了青草，太阳能电池板下面也铺上了草皮，高大挺拔的白色风机和银光闪闪的太阳能电池板，不但将清洁能源变成电能，为人类造福，同时，也为茫茫草原增添了一道别致亮丽的风景线。

小贴士

张北风光储输示范工程联合发电

张北风光储输示范工程应用了风光储七种运行组态的联合发电，即风力发电、储能发电、太阳能光伏发电、"风+光"发电、"光+储"发电、"风+储"发电、"风+光+储"发电，通过实时调节风、光、储各单元的运行状态，联合发电系统能够准确、快速地参与电网调度任务。

　　2020年6月25日，随着张北可再生能源柔性直流电网试验示范工程四端带电组网成功，这里的风、光化作绿色电能成功送入北京。到2022年，张北的清洁电力将送到北京冬奥会❶场馆，送到北京的千家万户。张北的风和光将点亮冬奥会场馆，点亮北京，点亮京津冀！

张北风电场

张北光伏基地

北京CBD夜景

---

❶　冬奥会是冬季奥林匹克运动会的简称。

低碳核能潜力大——核能发电

核能发电是人类近代历史上一项伟大的发明，它为满足人类能源需求，尤其是清洁能源的需求，发挥着不可替代的重要作用。

中国大陆核电从20世纪80年代正式起步，以秦山核电站开工建设为标志拉开了核电发展的序幕。1991年12月，我国自行设计建造的秦山30万千瓦级核电站并网成功，结束了中国大陆无核电的历史。1994年2月，大亚湾核电站1号机组投入商业运行，是中国核能利用领域的标志性事件，为后续百万千瓦机组的核电站建设打下了较好的基础。经过近40年的持续发展，中国先后建成了30万、60万、100万千瓦级核电机组。

从技术发展的角度来看，中国核电技术从最初的自主研发初步探索，到引进与自主研发并进，再到自主研发出目前全球先进的三代核电技术，中国核电经过不懈努力和探索，成为继美国、法国、俄罗斯等国家之后真正掌握三代核电技术的国家。

2021年1月30日，"华龙一号"全球首堆福清5号机组投入商业运行，这标志着我国在三代核电技术领域跻身世界前列。

中国在运核电机组情况（截至 2021 年 1 月 31 日）

序号	项目名称	机组	堆型	技术	功率（万千瓦）	开工日期	商运日期	2020 年发电量（亿千瓦·时）
1	秦山核电站	-	压水堆	CNP300	35	1985-3-20	1994-4-1	26.82
2	大亚湾核电站	1 号机组	压水堆	M310	98.4	1987-8-7	1994-2-1	87.86
3		2 号机组	压水堆	M310	98.4	1988-4-7	1994-5-6	78.15
4	秦山第二核电站	1 号机组	压水堆	CNP600	65	1996-6-2	2002-4-15	55.66
5		2 号机组	压水堆	CNP600	65	1997-4-1	2004-5-3	52.02
6		3 号机组	压水堆	CNP600	66	2006-4-28	2010-10-5	50.63
7		4 号机组	压水堆	CNP600	66	2007-1-28	2011-12-30	56.24
8	岭澳核电站	1 号机组	压水堆	M310	99	1997-5-15	2002-5-28	78.88
9		2 号机组	压水堆	M310	99	1997-11-28	2003-1-8	73.21
10		3 号机组	压水堆	CPR1000	108.6	2005-12-15	2010-9-15	80.34
11		4 号机组	压水堆	CPR1000	108.6	2006-6-15	2011-8-7	78.09
12	秦山第三核电站	1 号机组	重水堆	CANDU-6	72.8	1998-6-8	2002-12-31	60.68
13		2 号机组	重水堆	CANDU-6	72.8	1998-9-25	2003-7-24	55.96
14	田湾核电站	1 号机组	压水堆	VVER V-428	106	1999-10-20	2007-5-17	79.96
15		2 号机组	压水堆	VVER V-428	106	2000-9-20	2007-8-16	83.70
16		3 号机组	压水堆	VVER V-428M	112.6	2012-12-27	2018-2-15	77.41
17		4 号机组	压水堆	VVER V-428M	112.6	2013-12-27	2018-12-22	83.37
18		5 号机组	压水堆	M310 改进型	111.8	2015-12-27	2020-9-8	30.95
19	红沿河核电站	1 号机组	压水堆	CPR1000	111.879	2007-8-18	2013-6-6	84.41
20		2 号机组	压水堆	CPR1000	111.879	2008-3-28	2014-5-13	83.07
21		3 号机组	压水堆	CPR1000	111.879	2009-3-7	2015-8-16	74.53
22		4 号机组	压水堆	CPR1000	111.879	2009-8-15	2016-9-19	85.22
23	福清核电站	5 号机组	压水堆	华龙一号	116.1	2015-5-7	2021-1-30	—

注　本表源自"中核智库"（不包括台湾地区数据）。

中国在建核电机组情况（截至 2021 年 1 月 31 日）

序号	项目名称	机组	堆型	技术	功率（万千瓦）	开工日期
1	田湾核电站	6 号机组	压水堆	M310 改进型	111.8	2016-9-7
2	红沿河核电站	5 号机组	压水堆	ACPR1000	111.879	2015-3-29
3		6 号机组	压水堆	ACPR1000	111.879	2015-7-24
4	福清核电站	6 号机组	压水堆	华龙一号 HPR1000	116.1	2015-12-22
5	防城港核电站	3 号机组	压水堆	华龙一号 HPR1000	118	2015-12-24
6		4 号机组	压水堆	华龙一号 HPR1000	118	2016-12-23
7	漳州核电站	1 号机组	压水堆	华龙一号 HPR1000	121.2	2019-10-16
8		2 号机组	压水堆	华龙一号 HPR1000	121.2	2020-9-6
9	惠州核电站	1 号机组	压水堆	华龙一号 HPR100O	120	2019-12-26
10		2 号机组	压水堆	华龙一号 HPR1000	120.2	2020-10-15
11	石岛湾核电站	高温气冷堆示范工程	高温气冷堆	HTR-PM	21.1	2012-12-9
12	霞浦核电站	示范快堆 1 号机组	钠冷快堆	CFR600	60	2017-12-29
13		示范快堆 2 号机组	钠冷快堆	CFR600	60	2020-12-27
14	三澳核电站	1 号机组	压水堆	华龙一号 HPR1000	121	2020-12-31
合计	我国大陆在建核电机组 14 台，总装机容量 1432.358 万千瓦。					

注 本表源自"中核智库"（不包括台湾地区数据）。

核能发电——小原子大能量

核电，即核能发电，指的是以核能加热水，产生蒸汽驱动汽轮机发电。核电是一种重要的清洁能源，低碳是核电作为能源的突出优势，这是由核能发电的原理决定的。

利用核能发电时，核反应堆内的铀燃料不会像石油或天然气一样燃烧，而是利用原子的核裂变反应获取热能，进而利用热能加热水产生蒸汽，推动汽轮发电机组进行发电。因此，核电不会排放二氧化碳、$PM_{2.5}$ 粉尘、氮氧化物、二氧化硫等污染物。

小贴士

核能的产生

一个小小的原子，却蕴含着巨大的能量。

世界上的一切物质都是由原子构成的，原子又是由原子核和它周围的电子构成的。轻原子核的融合和重原子核的分裂都能释放出巨大的能量，分别称为核聚变能和核裂变能，简称核能。核裂变能是目前人类利用核能的主要方式。

与燃煤发电相比，中国2020年全年核能发电相当于减少标准煤消耗10474.19万吨，减少二氧化碳排放26185.48万吨，减少二氧化硫排放89.03万吨，减少氮氧化物排放77.51万吨。同时，核能发电只产生很少的废物，一座百万千瓦级的核电站一年产生的废物量仅为同等规模燃煤电站的十万分之一。

小贴士

核能发电和火力发电的区别

核能发电和火力发电一样，都是利用蒸汽推动汽轮机做功，带动发电机发电的。它们的主要不同之处在于蒸汽供应系统。火电厂依靠燃烧化石燃料释放化学能制造蒸汽，而核电站利用原子核的核裂变反应释放的核能来制造蒸汽。

核电站的能量转化过程：

核裂变能→水和水蒸气的内能→发电机转子的机械能→电能

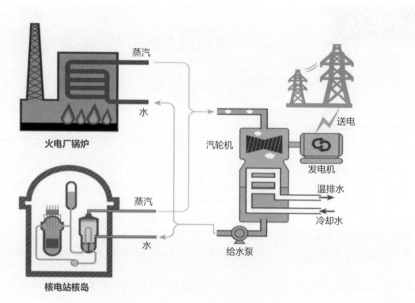

核电站与火电厂的区别示意图

核能不仅是清洁能源，而且是一种高效、经济的能源。

1千克铀-235核裂变释放的能量相当于2700吨标准煤或1700吨原油燃烧释放的能量。

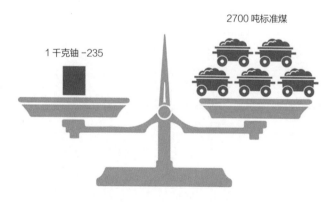

1千克铀-235核裂变释放的能量相当于2700吨标准煤充分燃烧释放的能量

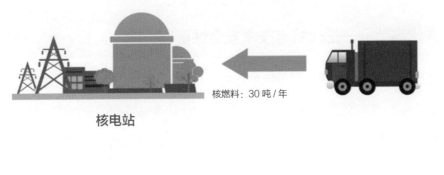

核燃料：30 吨 / 年

核电站

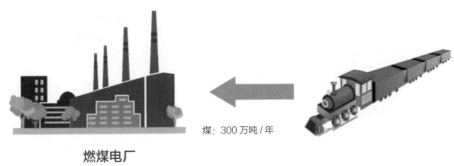

煤：300 万吨 / 年

燃煤电厂

核电站与燃煤电厂燃料消耗量比较

一座百万千瓦的核电站每年需要补充核燃料仅 30 吨，一辆重型卡车就可以装下。而同样容量规模的燃煤机组年耗煤量约 300 万吨，每天所用燃煤需要 40 节火车厢运送，两者相差 10 万倍。与燃煤电厂相比，核电站运输燃料的成本几乎可以忽略不计。

核电站是怎样发电的

正因为核电这些无可比拟的优势，世界上许多国家都在积极发展核电。中国核电研发应用，从学习引进、消化吸收到自主研发，已经拥有国际先进的核电技术和核电建设运行能力，核电总装机容量位居世界第三位，在建核电装机容量为世界第一位。

先进高效——三代核电技术安全性更高

经过60多年的发展，核电技术已由一代走到三代，向着越来越先进、越来越安全的方向发展。自1985年我国第一座核电站建设以来，中国核电在短短几十年间，实现了从30万千瓦到100万千瓦自主发展的跨越，其间多个里程碑式的核电站拔地而起。

一代： 20世纪50年代，美国、苏联在建成核潜艇后第一时间将这个重要技术应用到民用领域，相继建成了实验性核电站。通常将这批功率较小的原型／示范堆核电站采用的技术称为一代。一代核电技术证明了利用核能发电在技术上是可行的。

二代： 20世纪60年代后期，各国开始大规模建造和使用核电，陆续建成了采用压水堆、沸水堆、重水堆、石墨水冷堆等技术的核电站，这一批商用核电站采用的技术称为二代核电技术。二代核电技术证明了发展核电在经济上是可行的。目前，世界上有400多座商业运行的核电机组，绝大部分是在这一时期建成的。被誉为"中国核电从这里起步""国之荣光"的秦山核电站就是采用的二代核电技术，是我国自主建造的30万千瓦级核电站；大亚湾核电站则是我国大陆第一座百万千瓦级大型商用核电站。

二代改进型： 1979年的美国三里岛核事故和1986年的苏联切尔诺贝利核事故发生后，核工业界为了提高核反应堆的安全性，采取了各种改进措施，研发出二代改进型。我国陆续建成的二代改进型项目，包括"走出了一条我国核电自主发展的路子"的秦山第二核电站，它是我国自主研发设计的60万千瓦级核电站；岭澳核电站二期使用了全范围核电站数字化仪控系统

秦山核电站

和先进控制室，是我国自主品牌CPR1000的示范工程；秦山第三核电站是第一座实现核电工程管理与国际接轨的重水堆核电站；田湾核电站则是第一座采用数字化仪控系统的核电站。

大亚湾核电站

三代：为了进一步提高核电站的安全性，国际上把符合《美国用户要求文件》（URD）或《欧洲用户要求文件》（EUR）的先进核电技术称为三代核电技术。它在经济性上能与联合循环的天然气机组相竞争，具有在能源转换系统方面大量采用二代成熟技术的优势。三代技术与二代技术根本的一个差别，就是三代核电技术把设置预防和缓解严重事故作为设计核电站必须满足的要求。

小贴士

核反应堆

核反应堆是产生可控核裂变、释放出巨大核能的装置，是核电站的"锅炉"。在核电站中，核反应堆产生的热量经过热交换、驱动汽轮机和发电机运动转化为电力。

核反应堆按照中子能量不同、燃料不同、慢化剂和冷却剂不同，分为多种类型。现在比较主流的反应堆技术是热中子轻水堆，分为压水堆和沸水堆，轻水作慢化剂和冷却剂。中国采用的是压水堆技术路线。

我国要发展三代核电技术，主要基于它的几点优势：

● 三代核电技术发展有利于保障我国能源供应安全，满足经济发展需求，促进能源清洁低碳多元化安全供应。

● 三代核电技术与二代核电技术比较具有显著的安全和技术优势。三代核电技术遵循国际原子能机构最新的核安全要求，考虑了完善的严重事故预防和缓解手段，具有更高的安全性；核电站可利用率更高，相较二代改进型

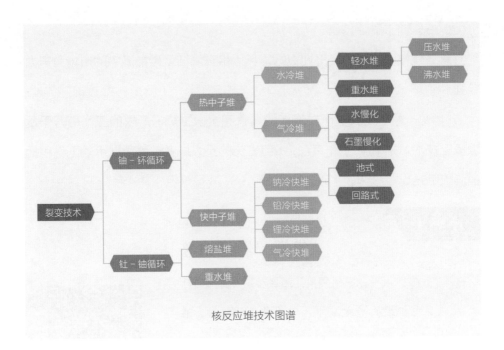

核反应堆技术图谱

一代到三代核电技术的演化

机组，由85%提高到90%以上。

● 三代核电技术的经济性更好，其价格在清洁低碳能源中的市场竞争力较强。

"华龙一号"是我国研发设计的具有完全自主知识产权的三代百万千瓦级核电技术，是中国三代核电技术自主化的集大成者，其首批示范工程包括福清核电站5、6号机组和防城港核电站3、4号机组，共4台。

小贴士

"华龙一号"的由来

早在1998年，中核集团❶就启动了自主百万千瓦级核电机组的研发工作，经过多年的研发，在借鉴经验的基础之上，形成具有三代特征的自主核电技术CP1000，这就是"华龙一号"的雏形。日本福岛核事故后，中核集团充分吸取福岛核事故经验教训，在CP1000研发的基础上，以满足国际最高安全标准为目标，进行系列改进，最终研发而成ACP1000三代核电技术。同时，中广核集团宣布研发出ACPR1000+三代核电技术。最终确定两家核电技术各取所长，融合形成更优的技术

"华龙一号"一波三折的研发过程（上）

"华龙一号"一波三折的研发过程（下）

方案，取名"华龙一号"，寓意"中华复兴，巨龙腾飞"。因此，"华龙一号"是我国自主研发的先进三代核电技术，而非某项具体的工程。

---

❶ 中国核工业集团有限公司（简称中核集团）、中国广核集团有限公司（简称中广核）、国家电力投资集团有限公司（简称国家电投）、中国华能集团有限公司（简称华能集团），是我国四家"核电牌照"（即核电项目业主资质）的持有者。

大国重器——"华龙一号"有多强

"华龙一号"技术是我国最先进的三代核电技术。"华龙一号"核电站所有的核心设备及相关零部件都为国产，通过了全球最严格的安全审查，技术上达到世界领先的水平，具有鲜明的优势和特点。

"华龙一号"全球首堆——中核集团福清核电站5号机组

更安全

采用能动+非能动的安全设计理念。日本福岛核事故最根本的原因是在突发事故下，无法快速、安全地使反应堆降温，不断产生的高温导致堆芯熔毁，最后产生的氢气浓度过高引起爆炸，导致核泄漏。"华龙一号"研发设计时充分吸取日本福岛核事故的经验教训，增加了非能动安全系统。

"华龙一号"核电站的
建设过程

非能动安全设计，是指不依赖操作人员的干预、辅助系统支持和外部能源动力等，只利用物质的重力，流体的自然对流、扩散、蒸发和冷凝，以及

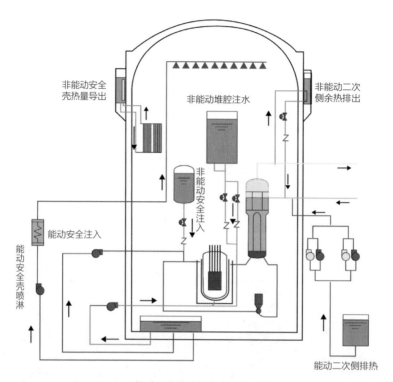

非能动安全
壳热量导出

非能动堆腔注水

非能动二次
侧余热排出

非能动安全注入

能动安全注入

能动安全壳喷淋

能动二次侧排热

能动 + 非能动的安全设计理念

蓄压势能等来保障安全。例如在地震等意外发生时，需要外部电源提供动力的"能动"系统即使失灵，非能动这个"免疫系统"也能在72小时内冷却反应堆，确保反应堆进入安全停堆状态。设在安全壳内的三个大容量水箱，可在外部电源和动力完全丧失的情况下，依靠重力等利用自然循环将堆芯余热排出。

这种能动 + 非能动的安全设计，使得"华龙一号"能够预防严重事故的发生，即使在严重事故下，也能保证安全壳不超温超压，保障安全壳边界完整性，防止核泄漏。

小贴士

核电站安全壳的作用

安全壳是核电站最为核心的部分之一，它将核反应堆与外界隔离，相当于核反应堆的保护罩，同时也是保证整个核电机组安全的最关键环节。

安全壳可承受设计事故压力，即使发生包括堆芯熔化在内的严重核事故，也可以依靠坚固的安全壳有效防止放射性物质外泄，避免对环境和公众造成影响。安全壳还具有抵御外部打击、保证核电站主要系统不受破坏的功能。

核电站安全壳外观

采用双层安全壳。即内壳能够承受发生事故时的高温和压力，外壳主要起屏蔽作用，保护内壳及其内部结构。这个安全壳好比反应堆的"护甲"，非常厚重。内外壳实现功能分离，符合国际上三代压水堆核电机组安全壳设计的发展趋势。

更抗震

抗震能力远远超过民用建筑设计规范中最高抗震设防烈度9度的抗震水平。抗震等级的增加大大地提高了整个核电站的抗震能力和机组安全性。即使再发生类似日本福岛地震这样的事故，也不会导致核泄漏。

更长寿

二代改进型核电站的设计寿命一般为40年，"华龙一号"的寿命则提高到了60年。具体来讲，反应堆压力容器和双层安全壳等重要部件的设计寿命均为60年，同时利用完善的核电站老化管理措施，以及必要的维修和更换，使核电站设计寿命达到60年。作为百万千瓦级的机组，每多运行一天，所发电量市值至少上千万元，多运行的这20年，所发电量市值达700多亿元，大大提高了核电站的经济性。

值得一提的是，"华龙一号"独创性地将堆芯燃料组件数量从157组增加到177组，换料周期18个月，增加了机组的发电能力，提高了核电运行的安全裕量。

"华龙一号"技术研发和成型的同时，解决了核电制造多项关键技术一直被"卡脖子"的难题，使国内装备制造业高端设备的整体研发和制造水平上升了一个台阶，大幅提升了"华龙一号"设备国产化率和设备的经济性，使得核心关键设备不再受制于人，打破了国际垄断。"华龙一号"正在成为继高速铁路之后"中国制造"走向世界的又一张"中国名片"。

自主创新——"华龙一号"国内示范工程

福清核电站5、6号机组。5号机组是"华龙一号"首堆示范项目，肩负着全面验证"华龙一号"核电技术的先进性，继续完善中国自主研发三代核电的标准体系和品牌，推动中国核电"走出去"的国家重任。作为两台百万千瓦级压水堆，每台机组装机容量116.1万千瓦，每年发电量近100亿千瓦·时，能够满足中等发达国家100万人口的年度生产和生活用电需求。相当于每年减少标准煤消耗312万吨，减少二氧化碳排放780万吨，相当于植树7000多万棵。

2015年5月7日，福清核电站5号机组正式开工建设，标志着"华龙一号"作为国家自主化核电技术和"走出去"战略的主力机型正式落地。2017年5月25日17时58分，福清核电站5号机组穹顶吊装成功。穹顶是压水堆核电站安全壳的顶部部分，重约340吨，是一个直径为46.8米的半球体，由五层共153块预制单元体构件组成，体积大、壁薄，吊装难度很大。福清核电站5、6号机组穹顶吊装是迄今为止全球核电建设领域规模最大、高度最高的穹顶吊装。穹顶吊装意味着土建施工进入尾声，整个工程将全面进入设备安装阶段，是核电站工程重要的里程碑节点。

"华龙一号"福清核电站6号机组穹顶吊装

福清核电站"华龙一号"示范项目，使用中国自主研发的三代核电技术，在安全性上完全满足目前国际最高安全标准要求，实现了先进性和成熟性的统一、安全性和经济性的平衡、能动和非能动安全设计理念的结合，是当前核电市场上接受度最高的三代核电机型之一。5号机组从2015年开工到2021年1月完成满功率连续运行考核，投入商业运行，只用了短短5年多的时间，取得了三代核电技术首堆建设如期完成的好成绩，这是其他三代技术首堆建设时很难做到的。在5号机组首堆建设中，设计变更平均处理周期1.5天，这在其他三代技术首堆建设中也是做不到的。

防城港核电站二期3、4号机组。该机组采用"华龙一号"技术，作为"华龙一号"欧洲核电项目的参考电站。

防城港核电站外景

3、4号机组于2015年12月24日和2016年12月23日先后正式开工。2018年5月23日，3号机组穹顶吊装顺利完成，标志着机组从土建施工阶段全面转入设备安装阶段，按计划3、4号机组将于2022年建成投产。

漳州核电站一期1、2号机组。它是继福清核电站5、6号示范机组之后，我国"华龙一号"机组从"示范"到"标准化"的标志性工程。2019年10月16日，1号机组在漳州开工建设。这是由中核集团建设的第五台"华龙一号"核电机组，标志着"华龙一号"批量化建设正式开启。

国家名片——打造海外工程走出去

在我国"一带一路"倡议背景下，"华龙一号"海外首堆示范工程在巴基斯坦落地，首期投建的巴基斯坦卡拉奇核电站K2、K3机组，规划发电能力220万千瓦。

2015年9月18日，K2机组第一罐混凝土浇筑，它是继福清核电站5号机组之后全球第二个开建的"华龙一号"核电项目，意味着"华龙一号"首次走出国门，正式落地巴基斯坦。它既实现了中国百万千瓦级核电机组走出国门零的突破，也标志着中国成为能独立出口三代核电技术的国家。

在建造的过程中，施工人员仅用时6天便完成K3机组三台蒸汽发生器的吊装，创造了世界核电建造史上蒸汽发生器吊装的最快纪录。2021年3月18日，K2机组首次并网成功。4月20日，K3机组主系统一回路水压试验一次成功，标志着K3机组由安装阶段全面转入调试阶段。

巴基斯坦卡拉奇核电站K2、K3机组建设现场

层层设防——核电站确保安全的举措

提起核电，人们总会想起国际三大核电事故，以至于常常会"谈核色变"。其实，与其他工业相比，核电站发生事故的概率是很低的。

中国一向把核安全工作放在和平利用核能事业的首要位置，按照最严格的标准对核材料和核设施实施管理。发展核能事业几十年来，中国保持了良好的核安全纪录，至今未出现2级和2级以上的事件，也没有启动过针对国内核电站的核应急响应行动。

不过，核电站确实存在着发生事故和灾害的风险，因此，每一次核事故都促使人们去反思核电站的安全性问题，并从技术安全、管理安全、法规安全等方面，全面提高核电站的安全保障。

2016年国务院新闻办公室发表《中国的核应急》白皮书，概括为"一案三制""五道防线""分级响应"。

"一案三制"。中国核应急的预案和法制、体制、机制建设。《国家核应急预案》是我国中央政府应对处置核事故预先制定的工作方案，各级政府部门和核设施营运单位据此制定核应急预案，形成相互配套衔接的全国核应急预案体系。

"五道防线"。中国实施纵深防御，设置多重屏障保障核电安全，防止事故发生，减轻事故后果。

第一道防线：保证设计、制造、建造、运行等质量，预防核电站偏离正常运行。

第二道防线：严格执行运行规程，遵守运行技术规范，使机组运行在限定的安全区间以内，及时检测和纠正偏差，对非正常运行加以控制，防止演变为事故。

第三道防线：如果偏差未能及时纠正，发生设计基准事故时，自动启用核电站安全系统和保护系统，组织应急运行，防止事故恶化。

第四道防线：如果事故未能得到有效控制，则启动事故处理规程，实施事故管理策略，保证安全壳不被破坏，防止放射性物质外泄。

第五道防线：在极端情况下，如果以上四道防线

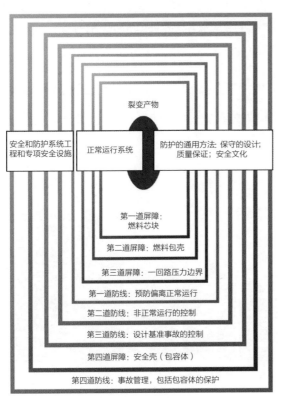

核应急的四道屏障、五道防线

均告失效，则立即进行场外应急响应行动，努力减轻事故对公众和环境的影响。同时设置多道实体屏障，防止和控制放射性物质释放到环境中。

"分级响应"。中国参照国际原子能机构核事故事件分级表，根据核事故性质、严重程度及辐射后果影响范围，确定核事故级别为应急待命（Ⅳ级响应）、厂房应急（Ⅲ级响应）、场区应急（Ⅱ级响应）和场外应急（Ⅰ级响应）。

● **核电站周围的辐射量大吗？**

生活中的辐射无处不在，我们每天食用的水果、粮食、蔬菜，甚至空气都是有辐射的。在一座百万千瓦级核电站周围的居民，一年受到的辐照量只有0.01毫西弗（毫西弗是辐射剂量的基本单位之一），这相当于吃了100根香蕉所受到的辐射。而体检时做一次胸部X射线的辐照量也有0.02毫西弗。根据联合国原子辐射效应科学委员会2010年发布的报告，在所有人为因素导致的辐射中，医疗辐射所占的比例高达98%，核电站产生的辐射占比非常小，约为0.25%，不会对人体健康带来任何影响，更不会影响人的生育。因此，生活在核电站周围的人们可以消除顾虑。

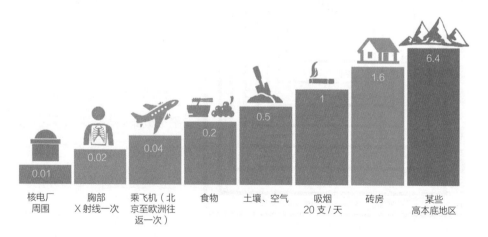

日常生活中受到辐射照射的情况对比（单位：毫西弗）

小贴士　　　　　　　　　　　**本底辐射**

　　本底辐射是指人类生活环境本来存在的辐射，主要包括宇宙射线和自然界中天然放射性核素发出的射线。生活在地球上的人都受到天然本底辐射，不同地区、不同居住条件下的居民，所接受的天然本底辐射的剂量水平是有很大差异的。

● 核电站会像原子弹一样爆炸吗？

　　虽然原子弹的核装置和核电站的核燃料都含有铀-235，但它们的含量相差很大，前者高达90%以上，而后者仅为3%。这就好比高纯度白酒和低度啤酒，白酒因酒精含量高可以被点燃，而啤酒因酒精含量低而永远不可能被点燃。因此，反应堆即使失控，也不会像原子弹那样爆炸，因为核燃料的纯度不够。

● 核电站的放射性废物会危害人类健康吗？

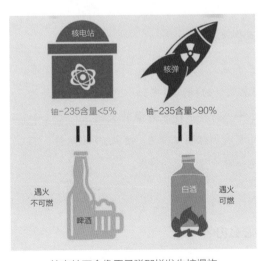

核电站不会像原子弹那样发生核爆炸

　　核电站的放射性废水、废气受到严格的监控和处理，净化后的废水、废气几乎接近放射性天然本底，达到国家环保标准后稀释排放，不会对环境造成影响。

　　至于固体废料——乏燃料，一座百万千瓦级的压水堆核电站每年会产生20～25吨乏燃料，它们在核电站内储存，完全受控。其实，乏燃料中仅含有1%～2%的高水平放射性裂变产物，其余是剩余的铀和再生的钚。我国实行核燃料闭式循环，通过后期处理提取乏燃料中的铀和钚再利用，高水平放射性废物经玻璃固化后在深地层埋藏，一段时间后，这些废料中的放射性物质就会衰变成对人体无害的物质。也就是说，"核废料"不会对人类、生态和环境带来威胁。

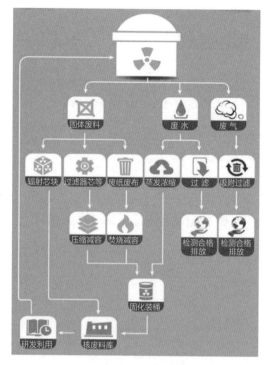

核电站的"三废"处理

小贴士

乏燃料

"乏燃料"不是"核废料"，也不是"放射性废物"。乏燃料中除含有少量的放射性废物外，主要含有仍未裂变的铀，其中铀-235的含量比天然铀还要高，并含有宝贵的人工核材料——可用作放射源的次锕系元素（如锫-237、镅-241等），这些核元素均具有循环利用价值。可见，"乏燃料"不是一般意义上的无用工业废料，而是一种十分重要的资源。

● 发生了类似日本福岛的海啸怎么办？

为了降低天灾带来的安全隐患，我国核电站的选址非常严格和谨慎，必须是百里挑一的"风水宝地"，不会同时发生地震和海啸。而且，在核电站选址设计时，将洪水、台风和最大天文潮等因素或叠加因素也统统考虑在内。核电站内与核安全相关的建筑物的抗震设计按照万年一遇的标准设防。

● **万一发生核事故，老百姓怎么办？**

在核电站发生事故的情况下，为避免公众受到放射性损伤，主要采取的措施有隐蔽，服稳定碘，佩戴防护工具，控制食物和饮水，控制进出通道，撤离，去污，临时避迁和再定居。在事故早期，对老百姓来说，最重要的是隐蔽和服稳定碘。

核电站的安全控制是自工业文明诞生以来所有领域中要求最高的，应用了工业文明的最新科技成果、最先进的技术、最高的安全标准，而且拥有成熟的核安全文化，这些都强有力地保障了核电站的安全。

公众核事故应急措施

核电正朝着四代技术大跨步迈进。四代技术安全可靠性高、废物产生量小，具有更好的经济性，具备多用途功能、可防止核扩散的特征。我国拥有自主知识产权的世界首座具有四代安全特征的高温气冷堆示范工程——华能石岛湾高温气冷堆示范工程、中国原子能科学研究院研发的四代核能系统钠冷快堆等，均取得了重大进展。

随着核电技术越来越成熟，核电凭借其突出的优点，在我国总发电量中占有的比例将越来越高，进而在未来的能源产业中占据更为重要的位置。在确保安全的前提下积极有序发展核电，是中国核电的发展方向，是积极应对气候变化、兑现减排承诺、推动清洁低碳发展、实现"碳达峰、碳中和"目标的重要选择。

核电站周围优良的生态环境

输电技术攀高峰——特高压与柔性直流输电

拥有天蓝、地绿、水净的美好家园是每个人的梦想。构建清洁低碳、安全高效的能源体系，实现绿色美好生活，关键是要加快发展风力发电、太阳能发电等清洁能源利用技术。我国幅员辽阔，但是能源资源与用电中心区域分布不均，80%以上的能源资源分布在西部、北部地区，距离中东部负荷中心1000~3000千米。负荷中心需要更多清洁、便宜的"远水"来缓解"近渴"，资源中心希望自己的资源优势能转化为经济优势。那么如何把清洁能源送到远方去呢？答案是要实现大规模的资源配置，特高压输电最有经济技术优势。

远距离输电示意

特高压输电技术是指交流1000千伏、直流±800千伏及以上电压等级的输电技术。如果说超高压输电是"4G"水平，那么特高压输电就是名副其实的"5G"水平了。特高压输电技术是目前世界上最先进的输电技术，具有远距离、大容量、低损耗的特点，可把我国西部、北部地区的清洁能源送到几千千米外的中东部地区，实现"电从远方来、来的是清洁电"。

我国于2004年提出发展特高压输电技术的构想。经过系统论证、科学试验、示范先行，2009年1月6日，我国首个自主研发、设计和建设的具有自主知识产权的特高压工程——1000千伏晋东南—南阳—荆门特高压交流试验示范工程建成投运，是我国特高压输电的起步工程，也是我国电网技术发展领先国际的标志性工程。2010年6月和7月，世界上电压等级最高的云南—广东、向家坝—上海±800kV特高压直流输电示范工程先后建成。这两项工程均为我国自主研发、设计和建设，代表了当时世界直流输电技术的最高水平。

交、直流示范工程建成后，特高压输电在我国迅速发展。2013年淮南—浙北—上海，2014年浙北—福州、哈密南—郑州、溪洛渡—浙西，2015年糯扎渡—广东，2016年锡盟—山东、灵州—绍兴，2017年榆横—潍坊、酒泉—湖南、扎鲁特—青州，2018年滇西北—广东，2019年昌吉—古泉，2020年山东—河北环网、驻马店—南阳、张北—雄安、乌东德—广东等特高压交、直流工程先后建成投运。截至2020年年底，我国已累计建成"14交16直"共30项特高压输电工程，在建"2交3直"共5项特高压输电工程。我国电网已经发展成为全球并网装机规模最大、电压等级最高、技术水平最先进的交直流互联电网，初步建成了特高压电网架构，形成全国"西电东送、北电南供、水火互济、风光互补"能源

扎鲁特至青州黄河大跨越 VR

互联网新格局、资源优化配置新平台。

如今，张北地区的风电点亮雄安的灯，四川的水电送往苏、浙、沪，新疆、甘肃的风能长驱直入送中原……与此同时，"拉闸限电""电荒"等名词也成为历史记忆。特高压输电，可谓是用中国核心技术解决中国实际问题的典范。在"碳达峰、碳中和"目标的大背景下，特高压电网已成为中国能源输送的"主动脉"，破解了能源电力发展的深层次矛盾，实现了能源从就地平衡到大范围配置的根本性转变，有力推动了能源的清洁低碳转型。

1000千伏榆横—潍坊特高压交流输电工程

技高一筹——特高压"特"在哪儿

如果把高压输电线路比喻成省级公路，那么特高压输电线路就是电力输送的"高速公路"，特高压输电具有四大优越性：

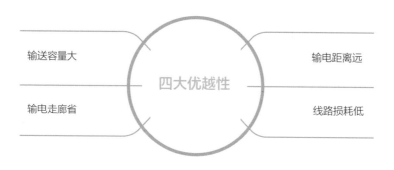

输送容量大　　　　四大优越性　　　　输电距离远

输电走廊省　　　　　　　　　　　线路损耗低

特高压输电的优越性

特大，输送容量大。在特高压输电出现之前，我国大部分地区采用的是500千伏输电线路。1000千伏特高压交流线路的输电能力约为 500千伏交流的 4~5倍。±800千伏特高压直流线路的输电能力约为 ±500千伏直流的2~3.3倍。

特远，输电距离远。1000千伏特高压交流线路的输电距离约为500千伏交流的2~3倍。±800千伏特高压直流线路的输电距离约为 ±500千伏直流的2~3倍。

特低，线路损耗低。相同的输送距离，1000千伏特高压交流输电的电阻损耗是 500千伏交流的 25%。±800千伏特高压直流输电的电阻损耗是±500千伏直流的40%。

特省，输电走廊省。输送同样的功率，采用1000千伏特高压交流输电与采用500千伏交流相比，可节省50%以上的土地资源。±800千伏特高压直流输电占地比 ±500千伏直流节约25%以上。一条输电走廊绵延几千千米，累计起来特高压电网节省的土地资源就非常可观了。

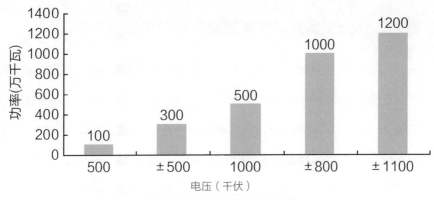

特高压/超高压经济输电功率比较

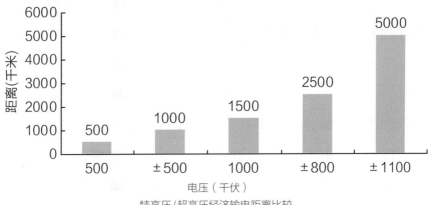

特高压/超高压经济输电距离比较

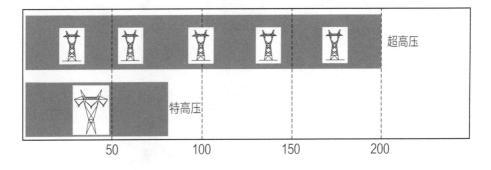

相同输送能力的特高压/超高压交流输电线路走廊宽度比较（单位：米）

敢为人先——实现"中国制造"和"中国领先"

从 20 世纪 70 年代起，美国、苏联、日本等国开始研究特高压输电技术。当时这些国家经济增长快，电力需求旺盛，能够远距离、大容量输电的特高压输电技术进入科学家的视野，先后建起了一些试验设施和试验线路，但是都没有付诸实际应用。特高压输电，这一电力领域公认的高精尖技术，刚刚萌芽就因为各种各样的难题被"雪藏"了。2004 年年底我国提出发展特高压输电之时，世界上没有商业运行的工程，没有成熟的技术和设备，也没有相应的标准和规范。对我国来说，要解决特高压输电这个世界级的难题，只能依靠自主创新。电网企业坚持自主创新和开放式创新相结合，联合科研院所、高校、设备制造企业等单位的专家和研发资源，全面开展技术攻关，自主攻克了特高压交流过电压、潜供电流抑制、雷电防护、特高压直流外绝缘、电磁环境控制、大截面多分裂导线等世界难题，有关技术全部拥有自主知识产权。在特高压交直流混合大电网安全控制、大功率电力电子技术、直流系统保护等领域掌握了一大批核心技术，使我国大电网运行和安全控制达到世界领先水平。自主研制了一批世界首台首套特高压重要设备，特高压工程设备国产化率达到 90% 以上，显著提升了我国电工装备制造的自主创新能力

特高压输电核心技术

和国际竞争力。特高压输电技术的成功应用反哺了常规电力设备研制，电工装备企业的研发设计能力、生产制造能力、试验检测能力得到全面提高。

特高压交流变压器： 与常规500千伏变压器相比，电压提高了1倍，容量提高了2倍。

特高压交流 GIS 开关： 额定电压1100千伏、额定电流4000安，额定开断电流 50 千安的六氟化硫气体绝缘金属封闭组合电器，性能指标国际领先。

6 英寸晶闸管： 特高压直流输电的"CPU"，具有很强的过负荷能力，有利于提高直流系统的稳定性、可靠性和安全性。

特高压直流换流变压器： 我国成功研制出世界上电压等级最高、容量最大，且运输约束条件与 500 千伏换流变压器相当的特高压换流变压器，成功解决了换流变压器阀侧直流电压升至 800 千伏后交、直流复合电场下的绝缘设计问题。

国家电网公司建设了"四基地两中心"(特高压交流试验基地、特高压直流试验基地、西藏高海拔试验基地、特高压杆塔试验基地、直流输电成套设计研发中心、国家电网仿真中心),形成世界上功能齐全、水平最高的特高压大电网试验研究体系,有力地支撑了我国的原创研究和原创设计,取得一大批原创试验成果和数据,填补了多项世界空白。

国家电网公司特高压输电"四基地两中心"

特高压交流试验基地:位于湖北武汉,用于开展 1000 千伏特高压交流输电外绝缘、导线电晕及电磁环境特性等研究,具备设备带电考核和 7500 千伏冲击试验能力。

特高压直流试验基地:位于北京昌平,能够开展最高达 ±1200 千伏直流输电的电磁环境、外绝缘、设备带电考核、系统调试与运行等方面试验研究,创造了 15 项世界第一。

高海拔试验基地:位于西藏羊八井,海拔 4300 米,用于开展高海拔地区特高压输电线路、设备绝缘和电磁环境特性研究。

特高压杆塔力学试验基地：位于河北霸州，能够进行特高压真型杆塔试验、导线力学性能试验、光缆及岩石工程试验，是目前世界上规模最大、能力最强的杆塔真型试验基地。

国家电网仿真中心：位于北京，具备电力系统实时全数字仿真功能，能够承担大型交/直流复杂电网运行和控制的系统性研究，仿真规模达数万节点、数千台发电机。

特高压直流输电工程成套设计研发中心：位于北京，主要开展特高压及常规直流输电工程的成套设计研发工作，包括直流输电相关设计研究、控制保护设计研究、直流主设备的设计研究和换流站阀厅设计及关键技术研究。

小贴士

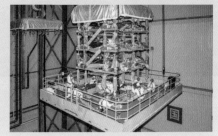

或许你想不到，将低电压转换成1000千伏特高压的变压器，它内部的主要绝缘材料居然全是纸（只不过是绝缘纸），用纸做成的各种配件达到25万件，工艺要求不亚于任何一件精密的艺术品。

将交流电转换成直流电的关键设备——特高压换流阀，它吊装的每一步都有严格的防尘和工艺要求。

重大工程——实现特高压输电技术新突破

1000千伏晋东南—南阳—荆门特高压交流试验示范工程。该工程2008年年底建成,2009年1月投入商业运行。这是世界上首个实现商业运行的特高压输电工程。该工程被国际大电网组织誉为"一个伟大的技术成就"和"电力工业发展史上的一个重要里程碑"。工程起于山西长治的晋东南变电站,经河南南阳的南阳开关站,止于湖北荆门的荆门变电站,线路全长640千米,途经山西、河南和湖北三省,先后跨越黄河、汉江两大河流。该工程实现了华北电网和华中电网的水火调剂、优势互补。在丰水期能够将华中地区富余的水电输送到以火电为主的华北电网,充分发挥水火互济、调峰错峰作用。

1000千伏晋东南—南阳—荆门特高压线路翻越王屋山

该工程标志着我国在远距离、大容量、低损耗的特高压输电核心技术和设备国产化上取得重大突破。工程额定电压为1000千伏,最高运行电压为1100千伏,额定容量为600万千瓦。通过工程实践,我国全面建成了世界一流的特高压试验研究体系,掌握了特高压交流输电核心技术,建立了特高压交流输电标准体系，实现了国内电工装备制造的产业升级，验证了特高压交流输电的技术可行性、设备可靠性、系统安全性和环境友好性。工程带动了特高压交流输电技术发展，涉及180项关键课题攻关、9大类40余种关键设备研制，通过产、学、研、用协同攻关，在

1000千伏晋东南—南阳—荆门特高压交流试验示范工程

电压控制、外绝缘配置、电磁环境控制、成套设备研制、系统集成、试验能力六大方面实现了创新突破，研制成功了代表世界最高水平的特高压交流设备，刷新了主要输变电设备的世界纪录。

云南—广东 ±800千伏特高压直流输电示范工程。该工程于2010年6月投入运行，是世界首个 ±800千伏直流输电工程，一举创造了37项世界第一。工程西起云南楚雄，东至广东广州。线路全长1373千米，额定电压为 ±800千伏，额定容量为500万千瓦。该工程将云南澜沧江、金沙江流域的清洁水电源源不断送往广东珠江三角洲，每年减少燃煤消耗超过2000万吨，不仅解决了经济强省的电力供给问题，而且打破了国外技术的长期垄断。

世界首条 ±800千伏特高压直流工程——云南—广东 ±800千伏特高压直流输电示范工程

作为世界首个 ±800 千伏直流输电工程，该工程突破了许多世界级难题。南方电网公司在电网安全稳定影响、外绝缘特性、电磁环境、过电压与绝缘配合、特高压技术标准、试验调试和运行技术等 7 个方面开展了专项研究，攻克了设备研制、系统控制等一系列难题，在世界上首次研发了 13 大类 73 种主要电气设备，形成国家标准 54 项、行业标准 38 项。作为特高压直流输电工程的成功范例，该工程为世界直流输电工程的建设提供了示范和借鉴。

该工程的建设，揭开了西电东送工程的新篇章，对西南地区水电大规模、远距离送出，将西南地区的能源资源优势转化为经济优势，起到积极的推动作用。

昌吉—古泉 ±1100 千伏特高压直流输电工程（简称吉泉工程）。 该工程于 2019 年 9 月投入运行，是世界上电压等级最高、输送容量最大、输电距离最远的特高压直流输电工程，是国际输电工程史上具有里程碑意义的超级工程，是我国电工领域进入"技术无人区"的重大工程。工程起于新疆昌吉，止于安徽古泉，途经新疆、甘肃、宁夏、陕西、河南、安徽六省区，翻越天山、秦岭，跨过长江、黄河，线路全长 3324 千米，额定电压为 ±1100 千伏，输送容量为 1200 万千瓦，工程送端接入西北 750 千伏交流电网，受端接入华东 500 千伏和 1000 千伏交流电网，连接准东大型能源基地和华东负荷中心，是支撑新疆和华东能源结构转型的战略性工程。该工程的建成投运，标志着我国已完全掌握了 ±1100 千伏特高压直流输电关键技术。

吉泉工程建设前，±1100kV 特高压输电是电工领域的技术无人区。国家电网公司组织国内外数百家单位进行了大规模协同攻关，最终全面掌握

昌吉—古泉 ±1100 千伏特高压直流输电工程

±1100 千伏特高压输电系统分析、工程设计、设备制造、施工安装和调试试验的核心技术，攻克了系统方案论证、超长空气间隙绝缘、过电压深度控制、电磁环境控制、系统分析与设计、可靠控制与保护、主设备研制等世界级难题。吉泉工程全面掌握了最高电压等级输电的核心技术，扩大了我国高压输电技术的国际领先优势。成功研发15大类30余种代表国际同类设备最高水平的成套新设备，在世界上首次研制成功电压等级和单台容量之最的换流变压器，自主研制成功首支 1100 千伏直流高压穿墙套管，首次研制成功电压等级最高、容量最大的换流阀，研制成功单片容量达世界之最的晶闸管，带动我国输变电设备制造水平迈上新台阶。工程的成功投运，标志着现代输电技术的经济适用范围已经从千万千瓦级2000 千米大幅提升至千万千瓦级 3000~5000 千米，可以覆盖我国主要的能源基地和用电负荷中心，使我国能源资源优化配合能力更强，范围更广，方案更优，选择更多。

吉泉工程的建成投运，破解了新疆丰富的能源资源难以大规模开发利用的困局。工程每8小时20分钟即可输送1亿千瓦·时电能，配套建设2500兆瓦太阳能发电、5200兆瓦风电、13200兆瓦煤电，将昔日的不毛之地变成了今天的聚宝盆。工程投运后年送电能力超过上海年用电量的40%，可使华东地区每年减少燃煤消耗3000万吨，减排二氧化碳7500万吨。

小贴士

高压套管

高压套管是将带电导体引入电气设备或穿过墙壁的一种绝缘装置。前者称为电器套管，后者称为穿墙套管。高压套管一般由导体、绝缘体和金属法兰三个部分组成。

±800千伏直流变压器套管

乌东德水电站送电广东广西特高压多端直流示范工程（简称昆柳龙直流工程）。该工程于2020年12月27日投入运行，是我国首个特高压多端直流示范工程、世界首个特高压柔性直流工程，也是目前世界上电压等级最高、输送容量最大的多端混合直流工程。该工程从云南出发，把长江上游乌东德水电站丰沛的水电分别送往广东和广西的负荷中心，途经云南、贵州、广西、广东四省区，送端的云南昆北换流站采用特高压常规直流，受端的广西柳北换流站、广东龙门换流站采用特高压柔性直流。工程预计每年送电330

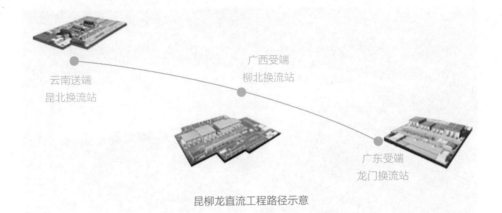

昆柳龙直流工程路径示意

亿千瓦·时，相当于海南省一年的全社会用电量，可有效解决云南水电消纳问题，为满足粤港澳大湾区经济发展用电需求奠定坚实基础。

昆柳龙直流工程

昆柳龙直流工程采用安全性、灵活性、稳定性更高的柔性直流技术。在此之前，世界上柔性直流的最高电压等级为 ±500 千伏，该工程则提升到前所未有的 ±800 千伏。世界上特高压输电技术从此迈进柔性直流时代。

昆柳龙直流工程采用柔性直流输电技术，避免了广东电网继续采用传统直流输电技术可能出现的多直流同时换相失败的问题，提升了广东电网整体的安全性。工程创新设计了多端直流功率提升、功率回降等安全稳定控制策略，解决了单一模块故障导致系统闭锁、系统运行方式优化等世界级难题，在世界上率先建成系统全面的特高压多端混合柔性直流技术知识产权体系。推动关键原材料（器件）研发与应用，工程采用的大容量柔性直流换流阀、柔性直流变压器、桥臂电抗器等主要设备自主化率达到100%，原材料（器件）国产化率大幅提升。

昆柳龙直流工程昆北换流站

小贴士

特高压交流输电和特高压直流输电

　　特高压家的两个孪生兄弟——特高压直流和特高压交流，它们各有优缺点，但在电网中缺一不可，只有相互配合，才能更好地发挥作用。特高压交流输电主要用于构建坚强的各级输电网络和电网互联的联络通道，中间可以落点，电力接入、传输和消纳十分灵活，适用于主网架建设和跨大区联网输电，同时为直流输电提供重要支撑；特高压直流输电中间没有落点，难以形成网络，更适用于大型能源基地的大容量、远距离点对点输电，直流输电系统必须有稳定的交流电压才能正常运行。电网如同一个国家完善的交通网络，如果将500千伏直流比作大型船只，那么，特高压直流就是万吨巨轮，需要停靠安全、稳固的深水良港，这个深水港就是特高压交流电网。还有一个更简单的比喻：特高压直流好比直达航班，一飞到底，中途不能停，而特高压交流则是高速公路，既能快速到达目的地，在中途也有出口，能"停"。根据我国能源资源和负荷的分布特点，形成坚强的特高压交直流混合输电网络，可为可再生能源的跨区域、远距离、大容量、高效率输送和配置提供可靠保障。

该工程创造了19项世界第一，包括世界上第一个 ±800千伏特高压柔性直流输电工程、世界上单站容量最大的柔性直流输电工程、世界上首个特高压柔性直流换流站工程、世界上第一个具备架空线路故障自清除及再启动能力的柔性直流输电工程等。该工程的建设将有利于中国占领特高压多端柔性直流输电技术制高点，提升远距离、大容量、大电源状况下电网运行的安全稳定性和经济性，将为大规模可再生能源基地的开发与并网提供强有力的技术支撑。

走出国门——成为连接世界的新名片、新纽带

特高压输电不仅是中国的，也是世界的。特高压输电对许多和中国有相似国情的国家、地区，有着发展上的借鉴意义。

巴西的能源布局与中国有相似境遇：水电资源集中于西北部，用电负荷集中在东南部。特高压输电能够解决资源的大范围配置问题。国家电网公司成功中标巴西美丽山水电特高压直流送出一期与二期项目，实现了我国特高压技术、装备、工程总承包和生产运营成套"走出去"。美丽山项目一期工程

巴西美丽山二期工程线路施工现场

于2017年12月建成投运，二期工程于2019年建成投运。线路纵贯巴西北部到南部地区，总长超过2500千米，是世界上最长距离的±800千伏特高压直流输电线路，途经巴西5个州78个城市。该工程为美洲第一条特高压直流输电线路，可将巴西北部的水电资源直接输送到东南部的负荷中心。

美丽山项目不仅能解决巴西电源与负荷不匹配问题，还可以带动当地电源、电工装备和原材料等上下游产业升级。美丽山二期项目也是巴西近年来第一个零环保处罚的大型工程。因此，该项目不仅得到巴西政府的肯定与支持，也引起南美洲、中美洲国家的普遍关注。

小贴士

中国特高压输电技术在世界上处于领先水平

特高压输电技术成果已累计获得国家科学技术奖5项，其中，"特高压交流输电关键技术、成套设备及工程应用"和"特高压±800千伏直流输电工程"分获2012年度和2017年度国家科学技术进步奖特等奖，问鼎世界输电技术的珠穆朗玛峰。

国际电工委员会表示，中国的特高压工程是电力工业发展史上的一个重要里程碑。中国的特高压输电技术在世界上处于领先水平。

国际大电网委员会表示，特高压交流示范工程的成功建设是特高压交流关键技术和关键设备重要的突破性成果，是一个伟大的技术成就，对保证中国电力可靠供应、推动特高压输电技术在世界范围内的研究和应用具有重大意义。

如今以特高压输电技术为代表的我国电网已经成为世界能源领域的一张新名片，成为我国抢占世界能源发展制高点、带动电工装备业"走出去"的重要举措，也为落实我国"一带一路"倡议提供了强大基础支撑。

"拥抱新能源"的柔性直流输电技术

在北京延庆，为迎接2022年冬奥会的到来，各项设施的修建工作正在按计划进行着。届时，无论是在冬奥测试赛还是正式比赛期间，与之配套的全部场馆用电将100%实现清洁能源供电，这在奥运会历史上尚属首次。

北京冬奥会场馆

为冬奥会场馆实现100%清洁能源供电做出重要支撑的，是张北可再生能源柔性直流电网试验示范工程。这是世界首个柔性直流电网工程，也是世界上电压等级最高、输送容量最大的柔性直流工程。工程核心技术和关键设备均为国际首创，创造了12项世界第一，对于推动能源转型与绿色发展、服务北京低碳绿色冬奥会、引领科技创新、推动装备制造业转型升级等具有显著的综合效益和战略意义。

随着能源系统不断向低碳化转型，风力发电、太阳能发电等新能源占比不断增大。根据预测，2030年全国新能源总发电量占比将达20%，2050年将高达50%。不远的将来，高比例新能源电量的电力系统将从局部地区逐渐向全国扩展。

新能源本身具有随机性、波动性的特征，日出日落、风大风小都影响新能源发电。而且，新能源对交流、直流输电方式都不太友好。

新能源如通过交流电网接入，因其电源功率频繁变化会造成整个电网系统的扰动，随着新能源并网规模不断扩大，对电网安全稳定运行的影响也越来越突出。

新能源如通过常规直流输送，一方面需要交流电网的强力支撑，另一方面送电功率不易跟随新能源出力频繁波动，也存在一定技术局限性。

这样的特点，使得采用交流输电技术或传统直流输电技术联网显得很不经济，需要探索更加灵活、经济、环保的输电方式。

张北可再生能源柔性直流电网试验示范工程所采用的柔性直流输电技术，能通过对风力发电、太阳能发电的全方位控制，使风力发电、太阳能发电间歇性的特点不扰乱电网，就像在电力系统中接入一个完全可控的"闸门"，能够精准地控制"水流"的方向、速度和流量，弥补了常规直流输电只能控制"水流"方向的局限性，已成为大规模清洁能源接入电网的主要技术手段。

"以柔克刚"的孤岛供电

柔性直流输电技术不仅在陆地大规模新能源并网等方面优势显著，对于没有稳定电网支撑的海岛和钻井平台供电而言，也能大展拳脚。我国拥有1.8万千米的绵长海疆，分布着7000多个面积大于500米^{2}的海岛，但是这些海岛远离陆地，可靠供电困难。我国海洋能源储备丰富，近海风能储量达到7亿千瓦，远海储量大大高于近海，风速高、发电时间长，同等条件下海上风力发电机的年发电量比陆上高70%。以前受新能源并网技术限制，海风资源开发利用程度很低。

柔性直流输电技术不依赖交流电网支撑，还能为新能源提供并网所需的电压，适合用于对自身电网薄弱，甚至无源的孤立海岛进行可靠供电，可实现间歇性、波动性、分散性海上风电的大规模可靠并网送出，是未来支撑我国海洋新能源高效开发利用、实现海洋与陆地能源互济的核心技术，对于保障我国海岛供电和海洋安全起着至关重要的作用。

浙江舟山±200千伏五端柔性直流科技示范工程

在传统的输电技术下，要解决海上钻探平台、孤立小岛等无源负载的供电问题，一般采用大投入的"刚性"办法，建大跨度的跨海输电线路，或者干脆在海岛上建火电厂，但这样昂贵的本地发电装置，既不经济，又污染环境，也难以接纳海岛已有的风力发电等新能源。柔性直流输电技术可以充分发挥柔性直流系统自换相的技术优势，提升电力系统稳定性，提高配电网可靠性和灵活性，就像个太极高手，具有"以柔克刚"的本领，同时，柔性直流长距离传输不需要补偿设备，这也减少了投资及运行费用。

何为柔性直流输电技术

柔性直流输电技术是综合电力电子技术、微处理和微电子技术、通信技术和控制技术而形成的用于灵活快速控制直流输电的新技术。"柔性"一词来源于英文flexible，表示应用先进的电力电子技术为电网提供灵活的控制手段。它将半控型电力电子器件升级为全控型电力电子器件，可控能力强、调节速度快、运行方式灵活，可向无源网络供电，适用于可再生能源并网、分布式发电并网、孤岛供电等。

柔性直流输电技术能够有效增强电网稳定性并降低电力传输成本，满足了电力系统长距离、大功率、安全稳定输送电力的要求。这项技术得到了世界各国的普遍重视，是制造强国"兵家必争之地"。

小贴士

半控／全控型电力电子器件

半控型电力电子器件是指通过控制信号只可以控制其导通而不能控制其关断的电力电子器件；全控型电力电子器件是指通过控制信号既可以控制其导通，又可以控制其关断的电力电子器件。

柔性直流"柔"在哪儿

与传统直流输电相比，柔性直流输电的优势主要体现在控制灵活方便、智能化程度高。柔性直流换流阀是柔性直流输电工程的核心设备，相当于在电力系统中接入一个完全可控的智能化"电力阀门"，实现交流电与直流电的转换，并灵活控制电压、电流、无功功率和有功功率的输出与输入，再通过直流电缆或直流架空线连接送端和受端换流站，完成电力由送端到受端的输送。

在有功功率和无功功率控制方面，如果将输电线路比作淋浴房中的水管，有功功率和无功功率比作淋浴房中的热水和冷水，柔性直流输电技术就相当于水管中的水泵，可灵活调节冷水和热水的流向、水量、比例等，可以对有功功率和无功功率进行独立控制，不再需要配置容量巨大的无功补偿装置，不仅大大减少了占地面积，而且运行方式更加灵活，系统可控性也获得了极大的提升。

由于采用了全控型电力电子器件，不会出现换相失败，因而柔性直流也适用于向孤岛供电。这里说的孤岛指的不是真正的岛屿，而是仅靠几条输电线连接的区域小电网。在孤岛供电中，常规直流输电是点对点单向输电，不能实现双向互通，缺乏灵活性，同时还必须依赖站用交流电启动设备，因此不能向没有电源点的电网送电，就像没有港口大船难以靠岸一样，不能有效解决孤岛供电问题。采用柔性直流输电技术，意味着在没有港口的岛屿之间开通了登陆艇，可实现电能灵活双向调配，直接向无电源电网供电，分布在分散海岛上的风电电能，也能及时联网送出，解决了网架薄弱地区的"最后一千米"问题。

　　与交流输电相比，柔性直流输电的优势主要体现在长距离输电、新能源消纳、成本控制等方面。

交直流相互转换的"智能阀门"——柔性直流换流阀

在长距离输电中，交流线路越长，电能损耗越高，输送的有效电能越少，就像烧好的开水沿着管子往外送，管子越长，水温下降越多，末端用户就用不上热水了；柔性直流则相当于一根保温管，即使到末端用户，水温都是恒定的。

更为重要的是，因为快速调节的特性，柔性直流输电是新能源电源接入的最友好方式。柔性直流输电可携带来自多个站点的风能、太阳能等清洁能源，通过大容量、长距离的电力传输通道，到达多个城市的负荷中心，这为新能源并网、大城市供电等提供了一种有效的解决方案。风力发电、太阳能发电等新能源接入电网的最大障碍就是其间歇性和不确定性，而柔性直流输电技术就像在电网中接入了一个阀门和电源，可以有效地控制其上面通过的电能，隔离电网故障的扩散，而且还能根据电网的需求，快速、灵活、可调节地发出或者吸收一部分能量，从而优化电网的潮流分布、增强电网稳定性、提升电网的智能化和可控性，提升电网对风力发电、太阳能发电等清洁能源的接纳能力。

小贴士

有功功率和无功功率

有功功率是设备消耗了的、转换为其他能量的功率，我们购买电器时常常问到的"功率多少瓦"，指的就是设备的有功功率。

无功功率则是维持设备运转但并不消耗能量的功率。无功功率可不是没有用的功，它存在于电网与设备之间，为能量的输送、转换创造了必要的条件。没有它，变压器就不能变压和输送电能，没有它，电动机的旋转磁场就建立不起来，电动机就无法旋转。如果无功功率被设备占用过多，就会造成电网效率低下，电压下降，电能质量降低。此时就需要给设备提供无功功率，这种提供无功功率的行为，就是无功补偿。提供无功功率补偿的设备，就叫作无功补偿装置。

成为输电技术新生代中的"战斗机"

柔性直流输电技术作为电能变换和传输的新型输电方式,已成为世界范围内发展最快的新一代输电技术,甚至被喻为输电技术新生代中的"战斗机"。

2006年,我国全面启动柔性直流输电技术研究。2011年,我国首个具有自主知识产权的柔性直流输电工程——上海南汇风电场柔性直流输电工程投运,自此,我国柔性直流输电快速向大容量、多端、双极、背靠背等多个研究方向开展实践和探索。2014年,浙江舟山±200千伏五端柔性直流科技示范工程正式投运,这是世界首个五端柔性直流工程。2015年12月,厦门±320千伏柔性直流输电科技示范工程正式投运,再次刷新电压等级和输送容量的世界纪录。2020年6月,张北可再生能源柔性直流电网试验示范工程成功投运,实现了张家口地区100%新能源外送,并将为2022年北京冬奥会提供绿色电能。截至2020年年底,我国已累计建成投运8个柔性直流输电工程。

浙江舟山±200千伏五端柔性直流科技示范工程。工程采用±200千伏直流电压,共建设5座换流站,总容量1000兆瓦;新建±200千伏直流输电线路141千米,其中海底电缆129千米;新建交流线路31.8千米,并配套建设一个海洋输电检验检测基地。多端柔性直流输电是在两端柔性直流输电技术基础上的一个重大技术跃变,采用3个及以上换流站,通过不同方式连接起来构成多端柔性直流系统,能够实现多电源供电和多落点受电。浙江舟山±200千伏五端柔性直流科技示范工程实现了舟山北部地区岛屿间电能的灵活转换与相互调配,为舟山群岛新区发展提供了坚强电能保障。

通过浙江舟山±200千伏五端柔性科技示范工程
的建设，我国全面掌握了系统数字仿真、换流器电气
设计、设备参数选型、协调控制保护策略等多端柔性
直流输电成套设计技术；突破了高压大容量换流阀、
高压直流海缆等关键技术；攻克了多端柔性直流控制

浙江舟山±200千伏五端柔
性直流科技示范工程

保护系统动模试验及联合运行调试等关键技术；建成了国际领先的多端柔性
直流故障快速恢复系统的试验研究体系；攻克了直流故障快速恢复、换流站
带电投入/退出运行、系统过电压绝缘配合等一系列世界级难题。

浙江舟山±200千伏五端柔性直流科技示范工程使用我国自主研发的全
球首个200千伏高压直流断路器及快速恢复装置，该断路器可在3毫秒内断
开一条200千伏高压直流输电线路产生的高达15000安故障电流，速度比人
类眨眼还要快100倍，攻克了高压直流输电电流难以快速断开的世界级技术

500千伏混合式直流断路器

难题。工程所用的换流阀及阀冷系统、连接变压器等其他核心设备也实现了100%国产化，其核心技术——控制保护技术拥有完全自主知识产权，实现了直流输电核心装备研发和制造领域的重大突破，实现了"中国创造"和"中国引领"。

浙江舟山±200千伏五端柔性直流科技示范工程极大提高了我国电网的整体科技含量和直流输电产业的国际竞争力，标志着我国在柔性直流输电技术领域走在了世界前列。

张北可再生能源柔性直流电网试验示范工程。我国张北地区风力发电、太阳能发电等可再生能源丰富，但本地消纳能力有限。张北地区需实现多种可再生能源的高效利用，相邻的北京地区也迫切需要清洁能源的供应。为此，国家规划建设了世界上首个柔性直流电网工程——张北可再生能源柔性直流电网试验示范工程，标志着柔性直流电网开始从概念走向实际应用。

张北可再生能源柔性直流电网试验示范工程建设张北、康保、丰宁和北京4座换流站，额定电压±500千伏，总换流容量9000兆瓦，配套建设±500千伏直流输电线路666千米，最大输送容量4500兆瓦。工程每年可向北京地区输送清洁电量约225亿千瓦·时，不仅能够满足冬奥会需求，还将大幅提升北京地区新能源电力消费比例，折合每年节约标准煤780万吨、减排二氧化碳1950万吨。

该工程攻克了系统方案论证、大规模新能源孤岛并网等世界级难题，创造了世界上首个具有网络特性的直流电网工程，世界上首个实现风、光、储多能互补的柔性直流工程，世界上新能源孤岛并网容量最大的柔性

张北可再生能源柔性直流电网试验示范工程

直流工程等12项世界第一，是实现清洁能源大规模并网、推动能源革命、践行绿色冬奥理念的标志性工程。

依托柔性直流工程实践，我国企业经过多年的自主科技攻关和产品研发，完全掌握了柔性直流输电关键技术，在基础理论研究、关键技术攻关、核心设备研制、实验能力建设、工程系统集成等方面，取得了一大批国际领先的创新成果，推动了我国电网技术的整体提升。

成功研制了代表世界最高水平的全套柔性直流输电设备，全面带动了我国先进输电装备制造水平提升和产业升级，自主研发的柔性直流换流阀和控制保护设备在多个工程中得到成功应用。

建立了涵盖系统成套、工程设计、设备制造、施工安装、试验调试、运行维护等柔性直流输电工程建设运行全过程的技术标准体系；编制了国际标准和导则8项、中国国家标准和行业标准4项，显著提升了我国在国际电工领域的影响力和话语权。

张北 ±500 千伏柔性直流换流站直流场

建立了世界一流的柔性直流试验研究体系和试验基地、柔性直流成套设计研发试验中心、系统仿真中心，拥有了世界最高水平的柔性直流电网试验和仿真条件，为我国柔性直流输电技术的不断创新发展奠定了坚实的基础。

未来将是新能源的天下，在探索新能源消纳的道路上，柔性直流输电已经成为全球电力抢占的下一个制高点。我国将继续瞄准大规模新能源接入、直流组网等关键技术问题，自主开发适用于多场景的新型装备，提升高压直流输电技术的创新引领能力。

张北可再生能源柔性直流电网试验示范工程

上下循环储能源——抽水蓄能电站

　　抽水蓄能电站是一种特殊形式的水电站，其机组既能像常规水电机组一样发电，又能像水泵那样抽水。对于电力系统而言，抽水蓄能电站既是"蓄电池"，又是"稳压器"，还是个"调节器"。中国开展抽水蓄能电站建设已经50余年，在此期间基于大型水电建设所积累的技术和工程经验，加上引进、消化和吸收国外先进技术，不断推进大型抽水蓄能电站的建设实践，积累了丰富的工程建设经验，掌握了较先进的机组制造技术，抽水蓄能电站的整体设计、制造和安装技术更是达到了国际先进水平。随着电力科技的不断进步，中国已经成为抽水蓄能电站建设主战场。在经济高速发展的驱动下，中国的抽水蓄能电站建设发展迅速，已经逐步发展为建设、运维、经营均处于世界先进水平的抽水蓄能大国。

　　中国抽水蓄能电站建设从1968年起步，经历了起步发展期（1968—1983年）、探索发展期（1984—2003年）、完善发展期（2004—2014年）和蓬勃发展期（2015年以来）等不同发展阶段，当前中国抽水蓄能电站已建、在建装机容量规模均为世界第一。

　　1968年，中国在岗南水库安装了第一台斜流可逆式机组，单机容量为1.1万千瓦；1973年和1975年北京密云水库白河水电站分别改建并安装了2

台天津发电设备厂生产的1.1万千瓦抽水蓄能机组，这两座小型混合式抽水蓄能电站的投运，标志着中国抽水蓄能电站建设拉开了序幕。

北京十三陵抽水蓄能电站

经过20世纪70年代初步探索和80年代的深入研究论证和规划设计，中国抽水蓄能电站的兴建逐步进入蓬勃发展时期，以火电为主的华北、华东、广东等电网的调峰供需矛盾日益突出，通过兴建抽水蓄能电站解决调峰问题逐步成为共识，一批大型抽水蓄能电站相继建成。

20世纪90年代中期中国建成了第一批大型混流式抽水蓄能电站。广州抽水蓄能电站装机容量为240万千瓦，一期工程4台30万千瓦机组于1994年3月全部建成投产；二期工程在2000年全部建成投产。北京十三陵抽水蓄能电站装机容量为80万千瓦，1997年全部建成投产；浙江天荒坪抽水蓄能电站装机容量为180万千瓦，2000年建成投产。

21世纪初期，随着中国中西部地区经济社会快速发展，抽水蓄能电

北京十三陵抽水蓄能电站上水库

站的建设规模持续增加，分布区域也不断扩展，中国抽水蓄能电站迎来了第二个建设高潮，有20余座抽水蓄能电站陆续开工建设。在此期间，中国相继建成了山东泰安、浙江桐柏、河北张河湾、山西西龙池、江苏宜兴、湖南黑麋峰、湖北白莲河、河南宝泉、广东惠州、辽宁蒲石河、安徽响水涧、福建仙游、内蒙古呼和浩特、江西洪屏、广东清远等大型抽水蓄能电站。

2015年之后，中国抽水蓄能电站建设进入快车道。2015年，广东梅州抽水蓄能电站工程开工；2016年，陕西镇安、江苏句容、辽宁清原、福建厦门、新疆阜康5个抽水蓄能电站工程开工；2017年，河北易县、内蒙古芝瑞、浙江宁海、浙江缙云、河南洛宁、湖南平江6个抽水蓄能电站工程开工；2019年，河北抚宁、吉林蛟河、浙江衢江、山东潍坊、新疆哈密5个抽水蓄能电站工程开工；2020年，山西垣曲、山西浑源、浙江磐安、山东泰安二期4个抽水蓄能电站工程开工。

广州抽水蓄能电站机组导水机构

2017年5月，中国成为世界上抽水蓄能电站装机容量最大的国家，电站装机容量达到2773万千瓦，已建、在建的规模均是世界第一。截至2020年，中国已建成抽水蓄能电站35座，投产容量2999万千瓦；在建抽水蓄能电站32座，容量4405万千瓦。

根据全国性抽水蓄能电站选点规划（2020水平年），针对新增抽水蓄能电站建设运行要求的22个省（区、市），开展了全面、系统的选点规划工作，筛选出了一批规模适宜、建设条件较好的抽水蓄能站点，共规划推荐站点59个，总装机容量7485万千瓦。此外，为保证后续良性发展，还明确了14个备选站点，总装机容量1660万千瓦。根据中国发电行业发展规划，抽水蓄能电站建设步伐适度加快，到2025年全国抽水蓄能电站总装机容量将达到约1亿千瓦，占全国电力总装机容量的4%左右。

中国从岗南小型混合式抽水蓄能电站建成开始，至今仅有50余年的历史，与世界抽水蓄能电站发展的130余年相比起步较晚，但以往积累的大规模常规水电建设的经验，加上30年来引进、消化、吸收的国外先进技术，使中国抽水蓄能电站建设站在高起点上迅猛发展。

中国各个地区产业结构不断优化调整，用电负荷的不均衡性会越来越大，而在抽水蓄能电站规划建设方面，也呈现出不同的需求和挑战。从地理分布来看，中国的第一批抽水蓄能电站主要分布在经济较为发达的东中部地区。伴随中国西部、北部大型风电基地、太阳能发电基地的建设，迫切需要在送端地区也配套建设调峰能力强、储能优势突出、经济性好，且能提高输电经济性的抽水蓄能电站。同时，随着东中部地区经济的持续发展，也对保障电力系统安全稳定运行提出了更高的要求。从中国抽水蓄能电站的发展趋势来看，在时间上呈现波浪式发展，在地区上呈现递进式发展，即从东部、中部经济较发达地区向东北（包括内蒙古东部）、华北地区等能源基地逐步发展。

大规模储能技术——削峰填谷的重要手段

电能，狭义上是指电荷及电荷运动所具有的能量。在现代经济社会中，电能是一种经济、实用、清洁，可以大量生产且容易转换成其他形式，便于远距离输送、集中管理、自动测量和控制的能源形态。

与其他工业产品不同，电能不能实现大规模的存储，其生产、输送、分配和消费是同时进行的。发电厂在任何时刻生产的电能必须等于该时刻用户消耗的电能与输送、分配环节中损耗的电能之和，即发电功率与用电和损耗的功率必须随时保持平衡，因此电力储能技术的研究越来越受到重视。

电力储能系统是将电能通过一定介质转换成其他能量存储起来，在需要时再将所存能量转换为电能释放出来的复杂能量系统。储能系统一般要求具有储能密度高、充放电效率高、单位储能投资小、存储容量和储能周期不受限制等特点。

大规模储能技术，是目前制约可再生能源大规模利用的最主要瓶颈之一。当前主要的可再生能源（如风能、太阳能、潮汐能等）存在两个问题：一是有间歇性；二是稳定性差。因此，如何建立功率在5万千瓦以上、储能容量在10万千瓦以上的大规模储能系统，将这些间歇式能源"拼接"起来，并形成稳定输出，是提高可再生能源比例和实现可再生能源大规模利用的关键。

小贴士

电能的存储形态

从能量转换的角度来看，电能可以转换为机械能、化学能、电磁能、热能等形态存储，储能系统因而也可以分为机械储能、电磁储能、电化学储能和热储能四大类型。其中，机械储能主要包括抽水蓄能、压缩空气储能、飞轮储能；电磁储能主要包括超导储能、电容器和超级电容；电化学储能主要包括钠硫电池、液流电池、铅酸电池、锂电池；热储能主要指熔融盐蓄热储能。

目前，中国应用于电力系统的储能技术只有抽水蓄能和电化学储能，但是电化学储能规模远小于抽水蓄能，只适用于独立区域电网，现阶段以发电厂和变电站的备用电源为主。当前技术条件下，如机械储能、化学储能等储能系统与抽水蓄能电站相比，电能转化效率提高不到20%，但单位千瓦投资是抽水蓄能的2~3倍；运行寿命不足其1/5~1/3，且最大储能能力也相差甚远。因此，在当前的技术条件下，除了抽水蓄能技术外，其他大规模储能技术尚处于试验示范阶段甚至起步研究阶段，距离大规模推广应用还有较大距离，在可靠性、效率、成本、容量和寿命等方面，也仍存在着诸多制约商业化应用的因素。

相比于其他储能方式，抽水蓄能以其资金投入少、设备寿命长、储能规模大、转换效率高、开发技术成熟、运行条件简便、清洁环保等特点，得到了快速发展和广泛应用，是目前电力系统中最成熟、最实用的大规模储能方式。现阶段，抽水蓄能电站运行时间达50年以上，水工建筑物寿命达百年以上，能量转换效率稳定，不存在衰减问题，具备许多其他储能技术不可比拟的优势。

抽水蓄能电站——新能源消纳的调节器

与常规水电站的主要不同在于，抽水蓄能电站有上、下两个水库将水循环利用，不仅能通过机组发电向电网输送电能（调峰），也可以消耗电网的电能用于抽水（填谷）。抽水蓄能电站生产的产品是电——系统的"应急电"，消耗的原材料还是电——系统的"富余电"。抽水蓄能电站具有启动灵活、负荷调节速度快的优势，是目前最稳定、最成熟、最经济的储能方式。

一直以来，抽水蓄能电站是电力系统唯一的填谷调峰电源。抽水蓄能电站利用电力系统负荷低谷时价格低的电抽水，将下水库的水抽到上水库蓄存，这时抽水蓄能电站是电力用户；在电力系统负荷高峰时段放水发电，向电力系统送电，这时抽水蓄能电站是发电站，以此完成抽水蓄能电站两个基本功能——调峰、填谷。

小贴士

抽水蓄能电站的能量转换

抽水蓄能电站的抽水是把电能转换为水能的过程，发电是把水能转换为电能的过程。在每一次抽水发电的能量转换循环中，都有能量损失，使发电量小于抽水的耗电量，两者之比是抽水蓄能电站循环效率，或称抽水蓄能电站综合效率，一般为0.7~0.8。

抽水蓄能电站这种能量转换装置，将电力系统的发电能力在时间上重新分配，以协调电力系统发电输出功率和用电负荷之间的矛盾，从而使电力系统达到安全、经济运行的目的，虽然在转换过程中不可避免地要产生能量损失，但从整个电力系统考虑还是经济的。

抽水蓄能电站这种特殊的水电站，一直以来都是电力系统中最佳储能调峰电源，是促进新能源消纳的友好伙伴，是保障大电网安全的忠诚卫士，更是提升电力系统性能的关键角色。

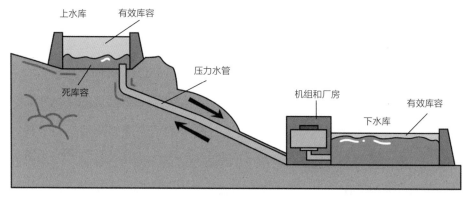

抽水蓄能电站原理图

小贴士

电能供需平衡

电能是以电磁波的形式传播的，传播的速度为30万千米/秒，一旦用电负荷发生变化，就要求发电容量同步跟踪做相应的变化，满足负荷增减对发电侧发电容量增减的要求。电力系统的供用电过程是非常短暂的，往往只能以毫秒或微秒来计量，电力系统中出现任何问题或故障，立刻就会影响到供用电设备。

如果电能供需出现不平衡，将会导致系统频率出现偏差，因此发电厂要实时跟踪系统频率，及时调节发电机的输出功率来维持电能的供需平衡。与此同时，在当今新能源发电日益增多的电力系统中，由于风电、太阳能发电等新能源具有随机性，使得电力的输出不能保持稳定。为了保障供电安全，电网需配备一定规模的备用电源。

　　发电机组从停止到满负荷运行，火电机组至少需要60分钟，而抽水蓄能机组只需2分钟。合理布置抽水蓄能电站，可减少电力系统中的扰动，在节省电网建设费用的同时减少电网损耗，在降低系统事故率、提高供电可靠性的同时，节省电力系统总费用。

　　目前，中国着手构建以新能源为主体的新型电力系统，能源结构呈现清洁化、低碳化发展趋势，风电、光伏发电装机规模和发电量均为世界第一。大规模新能源接入电网，由资源中心运送到负荷中心，考验着整个电力系统的友好性、灵活性和安全性，这对电力系统技术和管理提出了更加严苛的要求。

　　为适应能源结构调整的需要，在考虑风电、核电、太阳能发电等发展规划成果的基础上，这些能源的大规模开发建设需要配套建设一批具

安徽绩溪抽水蓄能电站下水库

有较好调节性能的抽水蓄能电站。抽水蓄能电站良好的调节性能和快速负荷跟踪能力，可有效减少风电等并网运行对电网造成的冲击，提高风电等能源的利用率。同时，太阳能可通过抽水蓄能电站的"蓄电池"功能来实现能量之间的时间转换，使发电、用电曲线相互弥合。因此，在西部有水地区兴建抽水蓄能电站将有助于推动风电和太阳能发电的建设和发展。

变速抽水蓄能机组——灵活响应的"快速反应部队"

随着中国经济的快速发展，对高可靠性电网的需求日益显著。尤其是在风电、太阳能发电大规模接入电网以后，从电网安全稳定运行的角度考虑，大容量变速抽水蓄能机组的应用变得日益迫切。

传统的抽水蓄能机组，在发电状态下的调节性能相对较好，但在抽水状态下负荷不可调节，难以满足新能源并网调节以及核电大规模利用对智能电网调节裕度和精度要求。例如单机20万千瓦的传统抽水蓄能机组抽水运行，只能以20万千瓦的功率抽水，而不能从小到大地逐步增加抽水功率，也不能根据电力系统负荷变化而调节抽水功率，这限制了抽水蓄能机组在电网应用的场景。同时，作为调节电源，抽水蓄能电站越靠近负荷中心，越能发挥功用。但在中国负荷中心区域，一般都缺少条件适合的高山，因此由于受水头的限制，常规大规模抽水蓄能电站选址受到很大限制。

所谓变速抽水蓄能机组，是指在发电和抽水状态下均可无级变速调节功率的新型机组，能够有效增加抽水蓄能电站的同步运行能力，同时可就地改善风电、太阳能发电等新能源并网性能。随着可逆混流式水轮机制造技术、大功率电力电子器件与现代控制技术的发展，转子采用三相交流励磁的变速抽水蓄能机组技术得到飞速发展，并逐步投入商业应用。

变速抽水蓄能机组改变了传统抽水蓄能机组抽水状态下固定负荷的特性，在抽水状态下运行仍然具有一定的功率调节能力。变速抽水蓄能机组以其运行灵活、可靠、迅速、高效的特点在电网中扮演着"快速反应部队"的角色，通过调整机组转速可更好地适应发电和抽水两种工况。变速机组通过改变转速可适应更宽的水头（扬程）变幅运行，为在负荷中心附近建设抽水蓄能电站拓宽了选择范围。变速机组改善水泵水轮机的水力性能，减少振动、空蚀和泥沙磨损，有效提升机组运行工况，在提高机组启动可靠性和灵活性的同时，还可以延长机组寿命，从而大大降低机组运行和检修费用。

中国在建单厂房世界装机容量最大的抽水蓄能电站——丰宁抽水蓄能电

河北丰宁抽水蓄能电站上水库

站，正在通过技术引进和自主研发，大力开展变速抽水蓄能机组技术的研究及应用。丰宁抽水蓄能电站不仅是国内首次应用变速机组的电站，还拥有国内最大的上水库总库容（4814万米^3）、最长的地下厂房跨度（422米）、最多的机组装机台数（12台）。

丰宁抽水蓄能电站位于河北省承德市丰宁满族自治县境内，属于国家重点建设工程，丰宁站址是中国不可多得的优良站址。电站装机容量360万千瓦，分两期开发，一、二期工程装机容量均为180万千瓦，上水库库容4814万米^3，下水库库容5961万米^3。丰宁抽水蓄能二期工程包含4台30万千瓦定速抽水蓄能机组以及2台30万千瓦变速抽水蓄能机组。

大容量、高水头、高转速抽水蓄能机组——抽水蓄能的发展趋势

中国抽水蓄能电站址资源丰富，抽水蓄能机组的成熟应用主要集中在装机容量30万千瓦、水头500米以下，许多高水头，大容量站址资源未得到有效开发利用。与此同时，抽水蓄能电站水头越高，可利用的水势能也越大；水泵水轮机越小，对环境的影响也越小，运行更加经济。

水电行业有一个共识：抽水蓄能发电电动机的研制难度，一般是常规水电机组的2~3倍。与常规水电机组相比，抽水蓄能发电电动机转子运行转速要高得多。例如，与三峡电站巨型水轮发电机相比，虽然响水涧抽水蓄能电站的单机容量还不到三峡电站发电机的一半，但转速却是三峡电站发电机的3倍多。在高转速下，抽水蓄能发电电动机转子要频繁地承受机组启停、正反转过程中的交变负荷和冲击负荷，高

水头、大容量、高转速机组对转子的结构安全性更是一个巨大考验。

随着机组转速的不断提高，抽水蓄能发电电动机尺寸持续减小，厂房尺寸也可减小。因此，从土建和机电投资角度考量，为了提高抽水蓄能电站的经济性，未来的抽水蓄能电站拥有水头高，上、下水库容量小，机组转速高、容量大、台数少，机组设备重量轻等特点已成为必然，高水头、大容量、高转速机组将是抽水蓄能机组的发展趋势。

国内额定水头最高的抽水蓄能电站——长龙山抽水蓄能电站，设计额定水头在世界范围内位居第二，在抽水蓄能重大装备国产化进程中是一次历史性飞跃。长龙山抽水蓄能电站位于浙江安吉，紧邻已建天荒坪抽水蓄能电站，435米的超长引水长斜井属国内第一，属于超高水头、超高转速、超大容量、超大难度的超级工程。

长龙山抽水蓄能机组额定水头710米，最高水头756米，最大升压水头1200米，强度试验水头1800米。电站动态总投资106.83亿元，6台可逆式水泵水轮发电机组的单机输出容量为35万千瓦，其中4台转速为500转/分，2台转速为600转/分，装机规模210万千瓦。电站机组转速高，属国际、国内大型抽水蓄能电站最高转速等级，同时要保证机组运行高效率、高稳定性、高可靠性、高均衡性，设计开发难度等级属世界最高，是国内设计和制造难度最大的发电电动机之一。长龙山抽水蓄能机组的成功研制意味着中国自主研发的抽水蓄能成套设备已达国际领先水平，且拥有完全自主知识产权，全面增强了中国在国际抽水蓄能领域的影响力和话语权。

长龙山抽水蓄能电站地处华东电网负荷中心，电站建成后将大大缓解华东电网特别是浙江电网的调峰压力，大规模替代现有火电机组调峰作用，对优化华东电源结构，提高华东电力系统运行的经济性、稳定性、安全性，以及服务国家能源结构调整等均有重要意义。

浙江长龙山抽水蓄能电站蜗壳座环吊装

小贴士

大容量、高水头的抽水蓄能电站

目前我国已建、在建的67座抽水蓄能电站中，装机容量100万千瓦及以上的电站52座。阳江抽水蓄能电站是目前国内抽水蓄能电站单机容量最大、水泵水轮机和发电电动机制造难度系数最大的抽水蓄能电站之一；电站首期装机容量120万千瓦，安装3台40万千瓦立轴单级混流可逆式水轮发电机组。

中国的抽水蓄能电站中，电站设计水头300米以上的电站49座。已建电站中，山西西龙池机组额定水头640米；在建电站中，浙江长龙山抽水蓄能电站额定水头达到710米、吉林敦化抽水蓄能电站额定水头达到676米、广东阳江抽水蓄能电站额定水头达到650米。

机组国产化——抽水蓄能装备制造的新高度

中国第一座主辅设备全面国产化的抽水蓄能电站——响水涧抽水蓄能电站，其机组的投产对填补中国抽水蓄能电站技术新领域空白具有划时代意义。电站总装机容量为100万千瓦，采用可逆式水泵水轮机－发电电动机组，由哈尔滨电机厂有限责任公司独立完成电站机组的设计、制造和成套供货。

响水涧抽水蓄能电站2007年开工建设，2011年年底首台机组投入运行，2012年年底4台机组全部建成投产，是目前国内第一台拥有自主知识产权，国内自行研究设计、制造、安装和调试的抽水蓄能机组，标志着中国抽水蓄能电站建设步入主辅设备设计、制造国产化的新阶段。

抽水蓄能电站建设的主要难点在于转动部件的制造，这是因为抽水蓄能机组要同时具备水泵（抽水）和发电机（发电）的功能。为了让机组在两种旋转工况下均有良好的运行特性和稳定性，只能通过持续的参数优化选择，使其在水泵和水轮机工况下，都能在相对合理的范围内稳定、可靠运行。这些参数的选择，必须基于大量的设计试验和工程经验。回顾过往，在抽水蓄能设备工艺的技术攻关上，中国走过了一段自主创新的艰难历程。

2003年以前，由于中国没有掌握抽水蓄能机组的核心技术，已建和在建的大型抽水蓄能电站机组及成套设备均被国外公司所垄断，抽水蓄能机组投资占整个工程投资50%以上，对工程造价影响很大，严重束缚了中国抽水蓄能事业的发展。因此，加快抽水蓄能电站的研发投入和加速抽水蓄能电站机组设备自主化工作成为中国电力建设的必然要求。

安徽响水涧抽水蓄能电站厂房

在引进技术和消化吸收的基础上，2007年，国家发展改革委将安徽响水涧、福建仙游、江苏溧阳三座抽水蓄能电站作为机组自主研发的依托项目。此阶段三座抽水蓄能电站机组设计制造的实践应用巩固了技术引进的成果，标志着国内主机设备制造商已经掌握大型抽水蓄能机组设计制造的核心技术，打破了抽水蓄能机组及成套设备制造技术的国外垄断。

在2014年新核准的5个抽水蓄能电站项目（安徽金寨、山东沂蒙、河南天池、山东文登、重庆蟠龙）中，国家发展改革委明确指出其主机设备招标方式采用公开招标，将国内外主机设备供应商置于平等的商业竞争环境，促使国内主机设备制造商不断提升其技术创新能力和市场竞争能力，为下一步打开国外市场创造有利条件。

在国家"973计划"支持下，历经十年攻关，中国系统地突破技术瓶颈，成功研制出具有完全自主知识产权的大型抽水蓄能机组及成套设备，并实现工程应用，推广应用抽水蓄能机组已达40台，市场占有率由0跃升至78%，并迫使同类进口设备价格下降了约三分之一。到2025年，中国抽水蓄能电站装机容量将新增7600万千瓦，大型抽水蓄能机组成套设备国内外市场综合单价招标价格水平从引进阶段的600元/千瓦降至350元/千瓦，将至少节约投资190亿元，经济效益巨大。

福建仙游抽水蓄能电站下水库

目前，中国国内设备厂家已攻克了研发、设计、制造抽水蓄能机组所必需的全部技术，抽水蓄能设备的主机、核心部分已经实现全部国产化，设备水平基本达到发达国家设备水平，设备参数也已经优于部分发达国家，具备了和国际抽水蓄能设备同行竞争的能力。中国抽水蓄能机组成套设备的设计制造能力已经成熟，实现了抽水蓄能机组国产化的目标，彻底摆脱了抽水蓄能机组设备对国外的依赖。

中国已投产的单机容量最大的抽水蓄能电站——浙江仙居抽水蓄能电站，安装4台375兆瓦立轴单级可逆混流式抽水蓄能机组，均由中国自主设计制造。仙居抽水蓄能电站位于浙江仙居县，工程总投资为58.51亿元，总装机容量为150万千瓦，年发电量为25.13亿千瓦·时，电站于2016年12月17日建成。

仙居抽水蓄能电站承担了华东电网调峰、调频、调相及紧急事故备用任务，有助于提高电力系统运行的安全性和稳定性，提高电力系统运行的经济性。电站双向可为电网提供300万千瓦的调峰容量，较大程度地改善电网内核电、火电机组的运行条件，减少火电机组的启停调峰，降低发电单位能耗。

浙江仙居抽水蓄能电站上、下水库全景

尤其重要的是，仙居抽水蓄能电站四台机组的核心部件——水泵水轮机、发电电动机以及自动控制系统，都拥有完全自主知识产权，实现了国内完全自主化，充分印证了中国已打破国外技术垄断，完整掌握大型抽水蓄能电站的核心技术。

青山出平湖——环境友好工程的典范

抽水蓄能电站利用水能与机械能的转换完成储能，可以循环利用水资源，而且除蒸发渗漏外不耗费水资源。电站运行期不产生污染物，不破坏资源和景观，不存在电池储能的回收问题。抽水蓄能电站一般是依山而建，发电水头高，占地规模小，对于一座纯抽水蓄能电站而言，上、下水库面积多在20万～40万米^{2}不等；电站的厂房和输水发电系统一般布置在地下，可节约大量的土地资源。

抽水蓄能发电属于清洁能源，可以使低谷电能或剩余电能变为尖峰时高效的电能；可以减少系统中火电的装机容量，减少煤炭消耗，利于节能减排，具有很好的环境效益。

抽水蓄能电站主要呈点状分布在中国的山川之间，在建设时就充分考虑到环境保护，选址上强调因地制宜、环境友好。同时抽水蓄能电站距离用电负荷中心比较近，因此更加重视水土保持和环境保护，加之电站周围植被茂密、山水环绕、空气清新、风景秀丽，往往能成为新的郊野旅游景点。

中国已投产单厂房装机容量最大的抽水蓄能电站——浙江天荒坪抽水蓄能电站，是国内第一个采用沥青混凝土做全库盆防渗的工程，单厂房装机容量180万千瓦；输水系统大部分采用钢筋混凝土衬砌并采用钢筋混凝土岔管结构，并在国内首次成功进行了高压渗透试验，填补了技术空白。

天荒坪抽水蓄能电站1994年3月正式动工，1998年1月第一台机组投产，2000年12月底全部竣工投产。电站位于浙江省湖州市安吉县境内，是"两山"理论发源地和美丽乡村发源地——余村的邻居，距上海175千米、距南京180千米、距杭州57千米，接近华东电网负荷中心，在华东电网中担负调峰、填谷、调相、调频及紧急事故备用等任务，促进和推动了华东地区抽水蓄能电站的兴起和发展。

浙江天荒坪抽水蓄能电站上水库

天荒坪抽水蓄能电站整个上水库是利用天荒坪与搁天岭山峰间的洼地挖填而成的，呈梨形状，也像一个巨大的运动场，蓄水之后碧波荡漾，湖面面积达28公顷，是一个昼夜水位高低变幅达29米多的动态湖泊，形似"天池"，具有极大观赏性。电站下水库位于海拔350米的半山腰，是由大坝拦截太湖支流西苕溪而成，有"两岸青山出平湖"之美称，被当地人称"龙潭湖"。天荒坪山顶建有度假村供游客休闲度假，山顶空气清新，周边山谷还经常有云海出现，电站已经成为风光旅游的重要景点。

丰宁抽水蓄能电站——北京冬奥会的"超级充电宝"

未来已来、将至已至，清洁能源、服务冬奥！根据2022年北京冬奥会绿色行动计划，北京冬奥会的场馆将全部使用可再生能源，这将为全球各种大型活动应对气候变化提供中国智慧和方案。绿色行动计划中，就有世界最大"超级充电宝"之称的丰宁抽水蓄能电站。坐落于青山绿水间的丰宁抽水蓄能电站，可谓是凝山岱之精气、扬碧水之清波，创造地方福祉、推动能源升级。

河北丰宁抽水蓄能电站下水库

丰宁抽水蓄能电站工程是服务北京2022年冬奥会场馆全绿电供应，保障张北可再生能源柔性直流电网试验示范工程高效可靠运行，促进河北北部可再生能源有效利用的重要工程。电站位于河北千万千瓦级风电基地核心区，建成后将有力支撑"外电入冀"战略实施，破解"三北"地区弃风、弃光困局，更好地利用跨区清洁能源。

抽水蓄能电站建设和生产能够极大地带动经济持续发展，带动产业链、供应链上下游发展，成为推动区域绿色发展的重要抓手。据测算，丰宁抽水蓄能电站建成并网后可增加电网对风电、太阳能发电等清洁能源的消纳能力1000万千瓦以上；电站总投资约192亿元，可拉动地方GDP约552亿～736亿元；电站施工期所需劳动力平均人数为3600人、高峰人数4600人，还将创造较大的交通、仓储、餐饮住宿、旅游等第三产业劳动力需求，提供各类就业岗位约4000个；依托电站上下水库形成美丽的景观资源，使当地成为旅游胜地，带动当地商业、旅游业配套发展，成为推动区域绿色发展的重要抓手。

丰宁抽水蓄能电站12台机组投产发电后，年发电量66亿千瓦·时，年节约标准煤205万吨，可减少碳排放512万吨，必将凝聚中国清洁能源的梦想，助力创造低碳美好的未来。

从保障电网安全可靠运行，到守护碧水蓝天、促进清洁能源利用，再到助力脱贫攻坚、推动经济社会发展，以丰宁工程为代表的抽水蓄能电站必将在以新能源为主体的新型电力系统中发挥更大作用，在构建新发展格局，实现"碳达峰、碳中和"目标，促进大气污染防治中凸显更深层次的意义。

雾霭中的宝泉抽水蓄能电站下水库

智慧大脑总调控——
电力系统调度与控制

电难以大规模储存，它就像一辆没有制动装置的车辆一样，无法在某个地方停留，其生产、输送和消费在同一时间完成，因此大电网需要一套先进的电力调度与控制系统作为灵活高效运转的"指挥棒"。如果说电网是为千家万户和社会各行各业源源不断输送光明和动力的电能血脉，那么电力调度与控制系统就是指挥这一血脉有序、高效、清洁、绿色、低碳搏动的"智慧大脑"。电力调度与控制系统能否正确和高效运行，不仅关乎电力系统的安全稳定运行，更关乎千家万户用电和经济社会的正常运转。

智慧大脑总调控

近20年来，北美、欧洲、印度、巴西分别于2003年、2006年、2012年、2018年发生了大停电事故，特别是2021年美国得州受冬季季风影响发生了大规模停电，中国电网依靠技术、管理和体制优势，成为世界上唯一没有发生大停电事故的特大型电网，持续创造全球特大型电网最长安全纪录。

随着电网规模的扩大和可再生能源的大规模开发利用，对于长距离输电的需求日益增加，直流输电技术得到大量应用，我国电网格局发生显著变化。从发电、输电、变电规模，以及联网紧密程度和系统稳定特性等多方面来看，中国电网已经成为世界上规模最大、结构最复杂、控制难度最大的电网，是全球能源资源配置能力最为强大的电网，也是全球并网新能源装机规模最大的电网。在中国，这个"智慧大脑"执行一体化的电力调度机制，这使得大电网形成了能够"一竿子捅到底"的垂直结构，可以集中预判风险并协调处理。因此，依靠这个"大脑"精密灵活高效的运转，中国电网成为全球安全运行水平最高的电网之一。

电力系统调度的"前世今生"

1882年7月26日，中国第一家发电公司——上海电气公司正式投入商业化运营，15盏电灯在上海点亮。这一天，中国电力工业正式起步。在电力工业发展初期，电力线路仅仅作为发电厂和用电负荷之间的连接线，并未形成电力网络。这个时期的电力调度往往设置在发电厂内。随着用电负荷的飞速增长，电源的种类不断增加，电网逐渐形成并扩大，通过调度对发电量进行分配和调剂，减少浪费，满足用电量的峰谷变化，提高用电效率，从而更好地保障供电电压、频率稳定，确保电力供应的连续性和稳定性。

电力系统调度的主要工作有预测用电负荷、制订发电计划和运行方式、进行安全监控和安全分析、指挥操作和处理事故。

从电话调度到光纤通信

早期执行调度工作的调度中心称为调度所，由于电力系统规模较小，调度员利用电话了解各发电厂、变电站运行状况，并下达调度指令，如给发电厂下达发电指标，电力系统发生事故停电时通知切除事故线路并启动备用电源等。

载波通信、微波通信、卫星通信、移动通信、光纤通信等通信技术的发展，有效促进了电力调度通信技术的发展，为提升电力调度运行控制速度提供了充分保障。电力调度通信技术能够保障现代电力系统在较大范围内进行系统性的集中调度，以实现发供电的安全经济和电能分配的科学合理。

载波通信技术是利用传输电能的电力线作为通信介质，实现数据、语音、图像等综合业务传输的通信技术。经过近百年的发展，高压电力线载波通信的理论、设备及运维都较为成熟，并且已经实现数字化，正向着大容量、高速率方向发展。

早期的电话调度

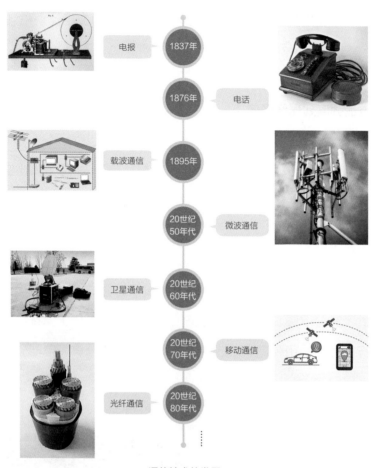

通信技术的发展

微波通信方式广泛应用于电网调度自动化系统中，用于传输电话、数据（遥测或计算机）等信号，其在电话网中的使用即微波电话是电力系统内部使用的专用电话网络。

卫星通信技术主要应用于边远地区通信和应急通信，通过卫星地面中心站、车载式移动通信站和移动通信站，形成大范围覆盖，满足电力应急指挥要求，有效提升电力通信保障能力。部分供电公司已基于北斗卫星通信开展输电线路巡检和智能配电自动化业务。

移动通信技术主要用于配电网、变电站（换流站）及输电网的施工和维护，电网运行和事故处理以及行政管理等。

光纤通信技术成为近年来最前沿并在中国电力通信专网中得到广泛应用的综合性技术，能够为电力系统提供快速监测、故障定位、远程监控等功能。中国电网已进入光纤通信时代，光缆网架依托主网架，线路光缆覆盖率大幅提升。2013年，电力系统建成并投运了大容量骨干光传送网，它是以波分复用技术为基础、在光层组织网络的传送网，为电网安全控制与智能感知提供安全可靠、高速高效的通信通道。

现代化国家电力调度控制中心

从经济调度到节能发电调度

电力系统经济调度是以全系统发电（运行）成本和燃料费用最低为目标。其早期发展可划分为两个阶段，20世纪60年代以前为经典经济调度，60年代以后发展为引入数字计算机和最优化技术的现代经济调度。20世纪90年代，世界多国推行了电力市场的发电竞价交易与调度，中国在2007年推行了以节能和环保为重点的节能发电调度试点。节能发电调度是在保障电力可靠供应的前提下，按照节能、经济的原则，优先调度可再生清洁发电能源，按机组能耗和污染物排放水平由低到高排序，依次调用，最大限度地减少能源、资源消耗和污染物排放。

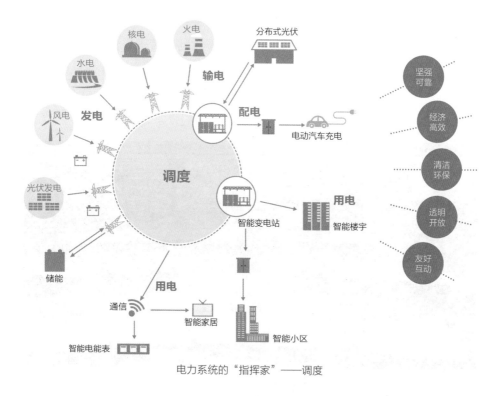

电力系统的"指挥家"——调度

为保障电力系统的安全稳定运行，实现新能源的优先调度，建立了电网、电站无缝一体化的新能源调度技术支持系统构架，更好地为新能源消纳提供良好的技术保障。

当前，我国已成为全球新能源装机规模最大的国家，能源结构也在发生变化，可再生能源发电装机容量在2020年年底已经占全部发电装机容量的41%，这对作为资源配置平台的电网提出了更高要求。

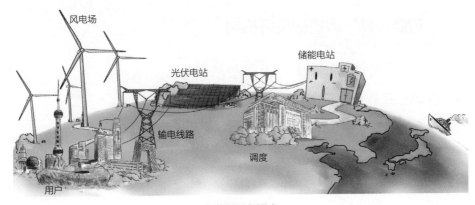

新能源运行调度

当各种类型新能源接入电网时，电力调度系统依靠智能电网技术、能源互联网技术、先进输电技术、需求侧响应技术、储能技术等，优化配置电源与电网、电网与用户、电源与用户之间的资源，应对各种发用电形式对电力系统安全稳定的巨大挑战。特别是当具有间歇性、随机性等特点的大规模新能源、高比例可再生能源接入电网时，电力调度系统通过传统火电、水电等电源、储能设施、电力需求侧管理及需求侧响应等可调控资源，保障电力系统安全稳定运行。

风光储联合发电控制系统

"智慧大脑"调控的运行机制

电力系统是一个庞大的运行系统，各个子系统"智慧大脑"按照统一的规则指挥子系统的运行，同时又与其他子系统"智慧大脑"联合共同维护整个庞大的电力系统的运行。简而言之，电力系统调度管理体制分为统一调度和联合调度两种基本模式。通常，统一电网的各组成部分服从全电力系统的最大利益，采用统一调度；而联合电网的各电力系统在系统内部实行统一调度，在各电力系统之间实行联合调度。

调度管理范围和职责的划分，一般按照地理位置和电压等级，并根据行政区域和电力系统特点而定。中国电网运行实行统一调度、分

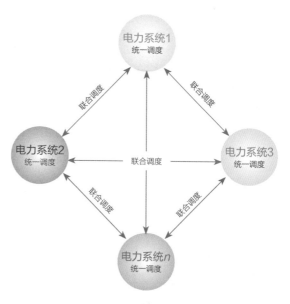

联合调度示意图

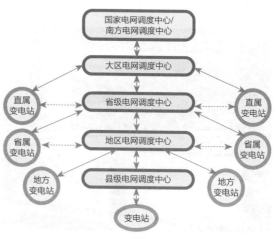

中国电网统一调度分层管理调度体系

级管理的体制，共设五级调度机构。五级调度机构在调度业务上是上下级关系，下级调度必须服从上级调度的领导和指挥。随着业务的扩展，五级调度间业务垂直管理逐渐增强，各调度机构内部专业间的协同运作水平也逐步提高。随着全国跨区互联格局的形成，国家电力调度直调范围逐渐扩大，作为全国电网最高调度机构的作用日趋明显；各大区调度机构负责组织、指挥、监督、协调区域内跨省的电能传输；各省级调度机构负责其调度区域内的电网运行管理；地区、县级调度机构主要进行配网调度工作。

中国电网统一调度分层管理调控体系在维护电网安全运行中的作用明显。国外一些国家的电力调度机构是独立的，与电网运营企业是分开的。处理大停电事故时，国外的这种管理体制和运作机制是不协调的，处理反应慢，下命令慢，电力恢复供应也慢。我国实施电网调度一体化运行机制，实现统一高效的调度管理，有效降低了重大电网事故风险，为确保电网的安全和可靠供电发挥了重要作用。

电力系统运行状况的"大脑认知"——电力系统仿真技术

近年来，电力系统仿真技术发展日新月异，对保障大电网安全稳定运行发挥了至关重要的作用，是大电网安全稳定的基石，实现了从追赶、跟跑到领跑的跨越式发展。

电力系统分析是运用数字仿真计算或模拟试验的方法，对电力系统的稳态方式和受到扰动后的暂态行为进行的分析研究。对规划、设计阶段的电力系统，通过电力系统分析，可选择正确的系统参数，制订合理的电力系统方案；对运行中的电力系统，借助电力系统分析，可确定合理的运行方式,对运行系统进行事故分析和预想,提出防止和处理事故的技术措施。电力系统仿真是电力系统分析、试验和人员培训的主要工具之一。

仿真分析是掌握电网特性的有效手段。由于电网运行是不能中断的,电网发展建设、运行控制和安全防御策略都不可能在实际电网中进行破坏性的试验验证,因此只有通过仿真计算才能分

国家电网仿真中心

析并掌握电网运行特性,从而验证理论分析和安全防御策略的准确性,为电网提供定量决策支持。我国已建成世界上技术最先进、计算能力最强的新一代特高压交直流电网仿真平台,全面提升了电网安全稳定分析能力,解决了交直流电网"仿不了、仿不准、仿不快"的技术难题,支持国家电网主网全网架仿真,大大提升了对大电网特性的认知水平。

小贴士

新一代仿真平台

新一代仿真平台包括数模仿真系统、数字仿真系统、仿真数据管理和新型模型研发四个部分。数模仿真系统主要解决特高压交直流混联大电网"仿不准"的技术难题，用于对数字仿真系统校准及系统特性研究；支撑电磁暂态实时仿真规模超过6000节点，能够对国家电网任意区域电网220千伏及以上交直流电网接入实际直流控制保护装置进行电磁暂态实时仿真。数字仿真系统主要解决特高压交直流混联大电网"仿不了""仿不快"的技术难题，支撑特高压交直流电网的规划、运行研究的海量计算；支持国家电网主网全网架仿真，能同时并行处理2万个仿真计算作业。数据管理系统和新型模型研发能够为新一代仿真平台提供仿真数据支持和核心软件研发支撑。

数模仿真系统

数字仿真系统

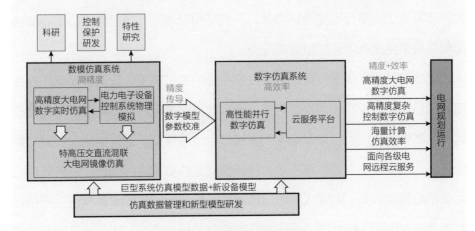

新一代仿真平台构成

新一代仿真平台依托超算系统强大的计算能力，实现了国调中心、6个分中心、27个省调和中国电科院的仿真计算业务互联互通，满足各级调度人员异地联合开展日常运行方式计算工作的需要。

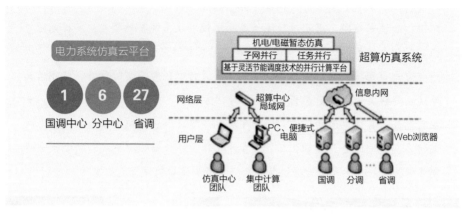

新一代仿真平台

"智慧大脑"的分析决策中枢——调度自动化控制

由于现代电力系统规模大，调度任务复杂，所需监控和分析的信息量巨大，依靠人工调度已不能满足需要，必须采用以电子计算机为核心的调度自动化系统来完成各项监控和调度任务。

调度自动化系统由设置在调度控制中心的主站系统、设置在发电厂或变电站的自动化系统和通信系统组成。该系统通过发电厂或变电站自动化系统实时采集电力系统运行参数的电气量和非电气量信息，这些信息通过通信系统传送到调度控制主站。在主站，计算机对这些数据进行处理，并将处理结果展示给调度人员。调度人员可以通过该系统向电网中的设备发送控制和调整信息，对电网运行状态进行不间断的实时监视与控制，实现经济调度、安全分析和事故处理。该系统是电力系统安全经济运行的重要保证，是现代电力系统不可缺少的组成部分。

中国电网调度自动化技术的发展，一直伴随着电网的发展而不断进步，20世纪80年代中期开始，为满足跨省区域电网调度运行监控技术的需求，电力部组织从国外引进了能量管理系统（Energy Management System，EMS）及开发技术，经过全面消化吸收和技术再创新，研制了适用于各级调度的数据采集与监控（Supervisory Control And Data Acquisition，SCADA）系统。

20世纪90年代中后期，为了满足全国联网电网初期调度运行的需要，中国电力科学研究院研发了新一代调度自动化系统CC-2000（荣获2000年国家科技进步一等奖），国电自动化研究院（现南瑞集团）研发了SD-6000、OPEN-2000调度自动化系统（后来于2005年升级为OPEN-3000系统，荣获2007年国家科技进步二等奖）。这两个系统适应中国国情，应用成效均超过国外同类先进系统。

21世纪初，受北美大停电事故启发，各国开始研究大电网在线安全稳定分析预警技术。2009年国家电网全面启动智能电网发展战略，在调度控制领域推动智能电网调度控制系统（其基础平台简称D5000平台）的技术研发与集成应用。2013年年底，智能电网调度控制系统已部署到国家电网全部省级以上调度控制中心。智能电网调度控制系统实现了特大电网多级调度控制业务一体化协同运作，促进了大规模可再生能源有效消纳，为特大电网调度提供了重要技术手段。智能电网调度控制系统实现了广域监测、智能告警、自动控制、在线分析、计划协同等实用功能的广泛应用，在世界上首次研究并实现了满足特大电网调度需求的大电网统一建模、分布式实时数据库、实时图形远程浏览等关键技术，攻克了多级调度协同的大电网智能告警及协调控制、全网联合在线安全预警等重大技术难题。

智能电网调度控制系统将以往电网调度控制中心内部独立建设的能量管理系统、广域测量系统、电力系统在线动态安全分析与预警系统、电能量计量系统、水电监视与调度系统、继电保护故障信息管理系统、雷电监视系统、调度生产管理信息系统等十余套应用系统，在一体化支撑平台上集成整合为实时监控与预警类应用、调度计划类应用、安全校核类应用和调度管理类应用四大类应用。系统满足"横向集成、纵向贯通"的要求，将功能应用和图形界面的服务范围从单个调度机构的单项应用拓展为整个电网的调度系统，实现各级调度机构之间的数据交换和共享，满足电网调度实时、准实时和生产管理业务的各项需求，实现各级电网调度技术支持系统的一体化运行、一体化维护和一体化使用。

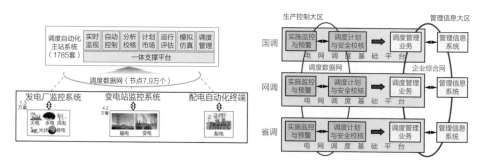

智能电网调度控制系统

随着智能电网的发展，大规模清洁能源、高比例可再生能源电力接入电网，这些电力具有间歇性和随机性，给电力系统的运行调度控制带来了极大挑战，调度自动化系统的系统架构和决策机制不断创新发展。

调度控制云平台（简称"调控云"）技术。 它是面向电网调度业务的云服务平台技术。为适应电网一体化运行特征，以电网运行和调控管理业务为需求导向，依托云计算、大数据和移动互联网等IT技术，构建调控云，逐步形成"资源虚拟化、数据标准化、应用服务化"的调控技术支撑体系。调控云和基础应用功能已在华北、华东、山东、天津等十余个省级及以上调控中心部署，取得了较好的应用效果。

基于云架构的一体化调度培训仿真技术。调度员培训仿真（DTS）是通过数字仿真技术模拟电力系统的静态和动态响应以及事故恢复过程，使调度员在与实际电网调控中心相同的调度环境中进行正常操作、事故处理及系统恢复的培训系统。通过DTS可以提高调度员的各项基本技能，尤其是事故时快速反应的能力。新一代DTS基于调控云平台，具备调控一体化仿真及多级电网全范围的联合反事故演练功能，支持各级电网同时进行联合反事故演习，以提高其协同管理电网、协同处理故障、恢复电网运行的能力。

智能电网调度让供电更可靠

智能电网调度让能源更清洁

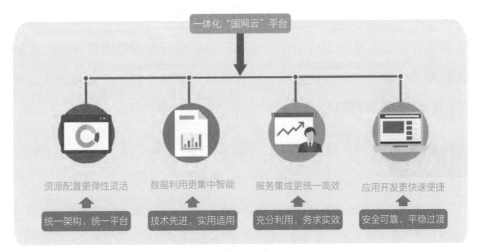

一体化"国网云"平台

电网运行方式约束及在线稳控策略智能化技术。它是对电网稳定规定和控制数据进行规范化、模块化、管理的应用技术，该项技术已在国调、分调和省调三级调控中心自动化平台上进行了部署，实现了离线限额电子化、自适应电网运行工况给出限额并支持越限智能告警。

设备监控分析决策技术。它是对变电站集中监控信息和实时运行产生的监控数据进行规范化、结构化、事件化管理的应用技术，是基于监控信息技术规范、电网模型和相关规程生成的人机共同识别的变电站数据监控识别技术，主要适用于变电站集中监控信息智能管理、监控运行及数据分析后评估等应用。

二次系统一体化运行指挥技术。基于调控云二次设备模型，构建基础设施、调度主站系统、厂站自动化系统、调度数据网、网络安全、通信系统、继电保护及安全自动控制装置等二次系统的完整模型；实现对二次系统运行工况的全面采集；建立二次系统运行评价指标体系，利用数据挖掘和智能分析技术实现二次系统运行态势感知、在线分析、风险预警；实现二次系统重要运行信息的跨调度机构共享，支撑国调、分调、省调一体化二次系统运行指挥；通过一体化运行指挥移动终端，实现运维业务的工单驱动、在线分发、实时监控和效能评价，可全面提升运维的闭环管控和质量监督。

小贴士

电力二次系统

电力二次系统由调度自动化、继电保护、安全稳定控制、调度数据网、通信网络等系统构成，是电力系统正常运行控制和故障防御的重要技术保障。

"智慧大脑"的防御体系
——电力系统"三道防线"和保护控制技术

随着特高压网架的形成，电力系统、装机容量、用电负荷快速增长导致电网运行特征发生深刻变化。当系统由于自然灾害、设备老化、运行失当、人为错误等发生故障和异常情况时，为防止酿成事故，需要采取一系列的应急反事故控制措施。电力系统"三道防线"、继电保护与安全控制技术等共同构成电力系统安全稳定运行的坚强防御体系。

调度员密切监视电网运行情况确保重大活动电力可靠供应

中国电力系统在长期运行经验的基础上形成了由继电保护和安全稳定控制共同构成的安全防御"三道防线"。"第一道防线"主要由预防性控制和继电保护实现，前者使电力系统正常运行时能有足够的安全裕度，后者则当电力系统元件发生故障时在系统稳定所限定短时间内切除故障元件；"第二道防线"是在继电保护切除故障后，若系统无法稳定，则通过切机、切负荷、局部解列等控制措施保证系统稳定运行，我国主要通过安全稳定综合控制系统来完成；"第三道防线"则是在系统发生极端严重故障，"第二道防线"仍无法阻止系统失稳时，为防止系统崩溃，则由失步解列、频率及电压紧急控制等措施构成"第三道防线"，并主要通过安全稳定综合控制装置中的失步解列装置、低频和低压减载装置等完成。

"三道防线"立体防御体系从早期的独立分散装置逐步形成局部电网稳定控制系统，再发展为目前的大型区域协同控制系统，成为保障电网安全运行的重要组成部分。

电力系统继电保护是电力系统发生故障或出现异常运行工况时，发出告警信号或直接向所控制的断路器发出跳闸命令，将故障部分隔离、切除的自动化措施和设备。在20世纪50年代及以前，继电保护主要采用电磁型的机械元件；随着半导体技术的发展，陆续采用整流型元件和晶闸管分立元件；70年代后由集成电路元件构成的继电保护得到广泛应用；80年代后，特别是90年代以来，微机型继电保护逐步占据主导地位。随着先进测量技术、信息通信技术、分析决策技术和自动控制技术等技术的快速发展，自适应保护、智能整定、自适应重合闸等继电保护新技术大力发展，站域保护技术和广域保护技术在电力系统中进一步得到推广应用。我国电力系统继电保护长期以来坚持"独立、分散"的技术原则，坚守可靠性、选择性、速动性和灵敏性的"四性"基本要求，技术装备整体水平不断提升，主网设备基本实现微机化、光纤化、国产化，继电

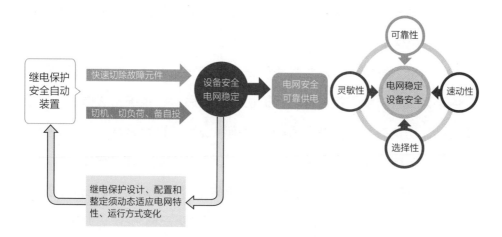

电力系统继电保护的基本要求

保护正确动作率和故障快速切除率持续保持较高水平，夯实了电网安全基础。伴随特高压电网工程大规模建设和柔性直流、大容量调相机等新技术应用，我国全面掌握了特高压交直流保护核心技术，继电保护技术装备和运行管理达到国际领先水平。继电保护运行水平不断提升，截至2020年年底，国家电网继电保护交流系统（220千伏及以上）正确动作率保持在99.9%以上，故障快速切除率由"十二五"末99.77%提升至100%；直调系统直流保护正确动作率由"十二五"末97.58%提升至100%。

电力系统安全控制是以保证电力系统安全运行为主要目的，同时考虑电能质量和运行经济性的控制措施，主要包括预防控制、校正控制、稳定控制、紧急控制和恢复控制。电力系统安全稳定综合控制的三大要素就是广域

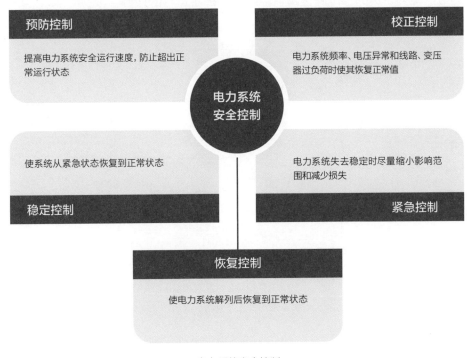

电力系统安全控制

的静态和动态测量、安全稳定性的量化分析、时空多道防线的优化协调。它需要融合广域测量系统、广域预警系统、广域控制系统与SCADA/EMS的功能，有机集成同步相量测量装置、测控装置、故障录波器、继电保护故障信息管理系统等不同的数据采集渠道提供的广域信息，附以数字仿真，将SCADA/EMS的功能扩展到动态范畴，实现大电网广域监测、动态分析、保护和控制的整体框架。广域监测分析与控制系统就是采用了中国提出的在线稳定量化分析技术及决策优化技术，并已在中国数个省级电网调控中心得到应用。国家电网安全稳定控制系统快速建设发展，至2020年年底，220千伏以上安全稳定控制装置共7417台，覆盖2094座厂（站），其中特高压直流输电安全稳定控制装置配置率达100%，直接影响特高压直流输电70%的输送能力，成为保障跨区跨省电网安全稳定运行的重要手段。

电力美好未来

THE ROAD OF SCIENCE AND TECHNOLOGY IN CHINA

电从遥远的火电厂、水电站、核电站，从风电场，从太阳能电场，由跨越高山、河流、平原的电力线路，送到城市和乡村，再经过架空线路或地下电缆送到千家万户。电给人类带来光明，给社会带来动力。

未来已来

如今，电能越来越多地由风能、水能、太阳能等非化石能源转换而来，电能在终端能源消费中的比重一路走高。预计2030年，我国清洁能源发电装机容量占总装机容量的比重将达到55%左右，电能占终端能源消费的比重将超过30%。以电代煤、以电代油在生产、生活的各个领域有更加广阔的发展前景。未来的美好社会，将是高度电气化的社会。电力的供应向绿色低碳转型，电力的使用正显现出更多的精彩。

智慧用电——未来电力的使用方式

电网与互联网的结合，帮助人们实现智慧用电。智慧用电是智能电网提供给广大用户的优质服务，城市中所有使用电能的地方都可以实现智慧用电。智慧用电是通过物联网技术实现的，把家中的电器接入互联网，便可以使用智能手机远程控制电器的工作状态；也可以将电器的控制权交给云服务平台，平台将自动按需控制电器。即使是传统的电器，只要搭配智能插座，就可以实现智慧用电。

能源大数据实践

小贴士

物联网

物联网是基于互联网、传统电信网等信息载体，让所有能够被独立寻找的普通物理对象实现互相连接的网络。在物联网中，每个人都可以将真实的物体上传网络，在物联网上可查出每件物体的具体位置等信息。物联网不仅可以应用在物流和运输、工业生产和医疗保健等行业，还可以对家用电器进行遥控，使家居实现智能化。

智能家居

智能家居是以住宅为平台，安装有智能家居系统的居住环境。智能家居系统是将各自独立的家用电器、通信设备与安全防范设备的功能融合为一体的系统。它以家庭为

鸿雁智能家居系统

核心，以用电及控制为主线，利用综合布线、大数据、云计算、物联网等先进技术，提供家电控制、照明控制、电话远程控制、室内外遥控、环境监测、暖通控制、红外转发以及可编程定时控制等多种功能和手段。智能家居系统主要包括自动控制部分、智能家电部分、智能安防部分、健康监护部分等。

自动控制部分

整个智能家居系统的核心及控制中心，对整个智能家居系统进行统筹控制。

智能家电部分

包括智能扫地机器人、智能空气净化器、智能空调、智能空气加湿器等智能用电设备，涉及人们起居、清洁、娱乐等各方面。

智能家居系统

健康监护部分

包括儿童智能安全手表、智能血糖仪、智能心率监测、智能跌倒报警器等，时刻关注着家庭成员的健康状况。

智能安防部分

包括智能安防锁、智能报警器、智能监控摄像头、智能无线安防系统等，时刻保护着家庭安全。

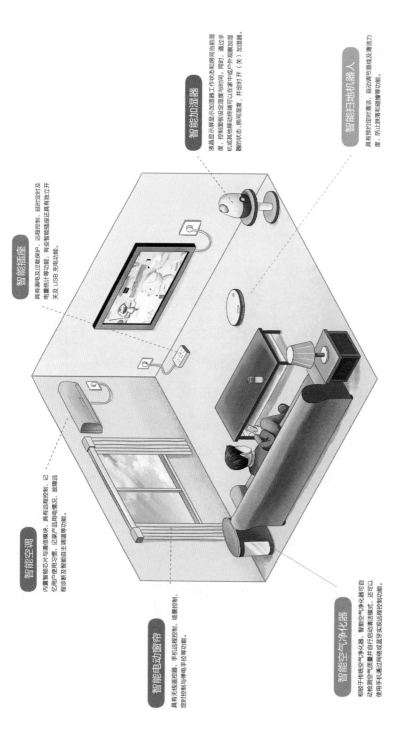

智能加湿器

液晶显示屏显示加湿器工作状态和房间当前湿度、控制面板设定温度与时间，同时，通过手机或其他移动终端可以在家中或户外观察加湿器的状态、房间湿度，并定时开（关）加湿器。

智能扫地机器人

具有预约定时清洁、自动调节路线及清洁力度，防止跌落和碰撞等功能。

智能插座

具有漏电及过载保护、远程控制、延时定时及电量统计等功能，有些智能插座还具有独立开关及 USB 充电功能。

智能空调

内置智能芯片与通信模块，具有远程控制、记忆用户使用习惯、记录家用电情况、故障远程诊断及智能自主调温等功能。

智能电动窗帘

具有无线遥控器、手机远程控制、场景控制、定时控制与停电手拉等功能。

智能空气净化器

相较于传统空气净化器，智能空气净化器可自动检测空气质量并自行启动清洁模式，还可以使用手机通过网络或蓝牙实现远程控制功能。

智能家居系统

全电厨房

全电厨房，又称为电气化厨房，是指以电炊具替代传统燃气炊具，利用电能实现炒、蒸、煮等全部炊事功能的厨房。传统中餐火头旺、油烟浓，存在燃气泄漏、油锅爆炸、烟道着火等安全隐患，全电厨房使用电能，无明火，能精准控制油温，减少油烟，有效消除了上述安全隐患。

全电厨房还可配置高能效的厨房电器，如智能洗碗机、智能微波炉、智能冰箱等，同时还可配置厨房垃圾处理器，保持家庭厨房卫生清洁，降低垃圾分类回收成本。

全电厨房

绿色建筑

绿色建筑是指在全寿命周期内，节约资源、保护环境、减少污染，为人们提供健康、适用、高效的使用空间，最大限度地实现人与自然和谐共生的高质量建筑。绿色建筑通过外观采用保温材料提高建筑保温性能，采取密封措施增强建筑气密性，加装遮阳设施提高建筑能效，并通过智能家居让人们的生活更便捷、更高效、更低碳。

在中新天津生态城（惠风溪）智慧能源小镇，一座主要依靠太阳能作为能源供给，利用先进智能控制技术而实现"零能耗""恒温""恒湿"的"零耗能小屋"已正式落成。"零能耗"，是指建筑自身的可再生能源年产能大于或等于建筑全年的全部用能，总体不依赖于外部能源输入。"零能耗小屋"就是绿色建筑的代表。

案 例

"零耗能小屋"

中新天津生态城（惠风溪）智慧能源小镇的"零耗能小屋"，建筑面积为135米^2，屋顶铺设了20千瓦的光伏板，每天可发电超过80千瓦·时，大于建筑本身约20千瓦·时的用能需求，而多余的电能可以存储到储能电池里，在夜间与光照不足情况下向建筑内用电设备供电。

小屋配备零能耗建筑运行系统，利用机器学习、大数据分析等技术，能自动调节居家、办公等不同区域用能设备；采用国际先进的交直流微网，减少损耗，实现能量转换效率95%以上；设置有居家、外出等智能控制模式，可通过语音、体感、远程等多种方式，让用户实现对家用电器的智慧化控制；为进一步降低建筑能耗，采用了"被动房"的节能技术，使用高保温、多层真空玻璃等建筑材料，阻断内外热交换，使建筑能耗水平比国家标准低85%以上。

在办公场景下，能够通过"微信小程序"预约会议室，实时查询使用状态；智能会议平板、无线投屏、无线打印、通电玻璃，让工作更加便捷，让会议更加有效率。

智慧交通

交通和运输是现代人类生活每日所需。电驱动已成为全球首要关注和发展方向。无论是高速电气化铁路、磁悬浮列车，还是城市地铁、电动汽车，电都是帮助人们出行的神奇动力。

在"绿色智慧新城"雄安新区，电动汽车将成为未来最重要的交通工具。电动汽车可通过无线充电桩进行充电，充电过程不需要人体触碰车或充电桩。而通过V2G❶充电桩既能实现在用电低谷时段电网向电动汽车充电，也可实现在用电高峰时段电动汽车向电网"卖电"，起到削峰填谷、经济充电、电网协同的作用。

智慧车联网是"智慧交通"在我们的生活中最具体的体现和场景之一。在智慧车联网平台上，客户为电动汽车充电这个动作将人的消费需求与能源生产供应需求在物理层面联系了起来，人、车、桩、网等电力生产、消费大数据在车联网平台上进行汇集。在此基础上，对数据和资源进行智能调配，挖掘潜在价值，实现交互。

当车辆"智慧"且"互联"起来时，无人驾驶汽车将会实现突破发展。2018年年初，商用L4级❷无人驾驶汽车试行上路。2019年，北京至雄安高速公路开工建设，其内侧两条车道是无人驾驶的专用车道。通车后，北京到雄安新区将实现1小时通达。未来无人驾驶技术的应用将越来越广泛。

小贴士

车联网

根据中国物联网校企联盟的定义，车联网是由车辆位置、速度和路线等信息构成的巨大交互网络。我们可以把它看作是物联网、智能交通、车辆信息服务、云计算和汽车电子技术相结合的产物，当今我们熟知的无人驾驶、人机交互、智能语音识别等，都是车联网的体现。

---

❶ V2G是Vehicle-to-Grid（车辆到电网）的缩写，描述了电动汽车与电网的关系。在用电高峰时，通过逆变技术从电动汽车的动力电池向电网回馈能量；在用电低谷时，通过整流技术从电网向电动汽车充电，实现电动汽车与电网的互动。

❷ 无人驾驶技术分为6个等级。L0级是无自动驾驶；L1级是提供驾驶辅助，如保持车距辅助、自适应巡航控制等；L2级是部分自动驾驶，多个辅助系统融合控制；L3级是基本实现自动驾驶；L4级是高度自动驾驶，但需要在设定的路线上行驶；L5级是完全自动驾驶，可以行驶在任意路线上。

国家电网公司2021年高速公路快充网络图

绿色低碳——以新能源为主体的电力供应

未来的电力供应将是什么样的模式？未来生产电力的一次能源将逐渐从以化石能源为主过渡到以可再生能源为主，除传统的水能外，新型可再生能源发电的主力将是风力发电和太阳能发电。

快速发展的储能，会显著改变风力发电和太阳能发电的不平衡问题。电动汽车充电的错峰电价可以更多地消纳电力，家庭使用的分布式储能也可以更低成本解决发电的峰谷问题。可以预见，通过集中式储能和分布式储能，可以更好地解决风力发电和太阳能发电的波动性和不连续性，而风力发电、太阳能发电的成本在快速下降，尤其是风能、太阳能资源更丰富的区域，这种变化将快速改变地球能源的供应模式。

以新能源为主体的新型电力系统

2021年3月15日，中央财经委员会第九次会议指出，要构建清洁低碳、安全高效的能源体系，控制化石能源总量，着力提高利用效能，实施可再生能源替代行动，深化电力体制改革，构建以新能源为主体的新型电力系统。

我们知道，可再生能源包括风力发电、光伏发电、光热发电、水力发电和生物质发电等。新能源属于可再生能源，目前主要指风力发电和光伏发电。构建以新能源为主体的新型电力系统，意味着风力发电和光伏发电将是未来电力系统的主体，煤电逐渐成为支撑性电源。

光伏发电基地

2020年12月12日，习近平主席在联合国气候雄心峰会上表示，到2030年，中国风电、太阳能发电总装机容量将达到12亿千瓦。而业内普遍预测，12亿千瓦只是下限，到2030年风力发电和光伏发电装机容量将可能达16亿~18亿千瓦。

新能源大规模接入后，从根本上改变了传统电力系统"源（电源）随荷（负荷）动"的运行模式。在新能源高比例电力系统中，因为集中式的风力发电、光伏发电大规模接入，发电侧的新能源随机性、波动性影响巨大，"天热无风""云来无光"，发电出力无法按需控制。同时在用电侧，尤其是大量分布式新能源接入以后，用电负荷预测准确性也大幅下降。这意味着无论是发电侧还是用户侧都是随机的，所以传统的技术手段和生产模式，已经无法适应新能源高比例电网的运行需求。

海上风电场

同时，新能源发电设备本质上是电力电子设备，不具备传统发电机的机械转动惯量，本身抗扰动性能就差，而整个系统转动惯量下降后，全系统抗故障冲击的能力也大大降低。

因此，需要对传统电力系统进行革命，构建以新能源为主体的新型电力系统。

小贴士

转动惯量

转动惯量是表征刚体转动惯性大小的物理量，它与刚体的质量、质量相对于转轴的分布有关。机械转动惯量是指机械在转动时产生的惯量。

在新型电力系统中，能源数字化将迎来黄金发展期。能源数字化体现在方方面面，包括源网荷储的各个环节。如果单纯用储能来平衡风电、太阳能发电等可再生能源的波动性，成本高昂且不易实现。数字化是能源互联网的核心抓手，未来需要利用数字化手段，打通源网荷储各个环节。传统智能电网，虽然已经具有智能化调控能力，但无法满足未来需要。以打车为例，早期在北京约车，大家都往96103打电话，96103总台统一发布消息，司机再呼应对接。虽然这种方式也能实现叫车功能，但是效率非常低，满足不了海量并发的需求，后来出现了打车软件才解决这个问题。同理，能源互联网可以应对海量的用户侧接入，实现更大比例的生产，这是传统智能电网集中调度、管控的方式难以应对的。

输电走廊

构建以新能源为主体的新型电力系统，是实现"碳达峰、碳中和"目标的最主要举措之一。实现"碳达峰、碳中和"目标是一场广泛而深刻的经济社会系统性变革，我国要把"碳达峰、碳中和"目标纳入生态文明建设整体布局，如期实现2030年前"碳达峰"、2060年前"碳中和"的目标。

小贴士

新型电力系统

以新能源为主体的新型电力系统是适应新能源高比例接入、新型用能设备广泛应用，集成先进输电、大规模储能、新能源友好并网、源网荷储互动、智能控制等先进技术，具有广泛互联、智能互动、灵活柔性、安全可控、开放共享特征的电力系统。

储能技术

储能被认为是解决新能源不稳定的最主要工具，可以实现削峰填谷，是现在电力系统运行中迫切需要的。储能的形式多样化，有抽水蓄能、压缩空气储能、飞轮储能、超级电容器、蓄电池储能、热储能、氢储能等方式。储能在电源侧可提供平滑出力、调频、减少弃风弃光等服务，在电网侧是应对大规模新能源并网下新型电力系统平衡的必要手段，在消费侧可以以更低成本地调节电网负荷高峰和低谷。

在各种储能技术中，抽水蓄能技术在规模上最大，技术上也最成熟；压缩空气储能次之，单机规模可以达到100兆瓦级别；化学储能规模较小，单机规模一般在兆瓦级别或更小，并且规模越大控制问题越突出。现在已经大规模投入商业应用的大规模储能技术（比如100兆瓦级以上）只有抽水蓄能、压缩空气储能两种。电化学储能正在逐步商业化，飞轮储能、超级电容器等正在试验示范，有望在需要秒级响应或短时调频的应用场景填补产业空白。

国网能源研究院预计，中国除抽水蓄能之外的新型储能在2030年之后会迎来快速增长，2060年装机规模将达4.2亿千瓦左右。而截至2019年，中国的新型储能累积装机规模为210万千瓦。这意味着，2060年中国新型储能装机规模将飙升近200倍。

抽水蓄能电站

压缩空气储能是指在电网负荷低谷期将电能用于压缩空气，将空气高压密封在报废矿井、沉降的海底储气罐、山洞、过期油气井或新建储气井中，在电网负荷高峰期释放压缩空气推动汽轮机发电的储能方式。

飞轮储能是指利用电动机带动飞轮高速旋转，将电能转化成动能储存起来，在需要的时候再用飞轮带动发电机发电的储能方式。储能时，电能通过电力转换器变换后驱动电动机运行，带动飞轮加速转动，飞轮以动能的形式将能量储存，完成电能到机械能转换的储存能量过程，能量储存在高速旋转的飞轮体中。释能时，高速旋转的飞轮拖动电机发电，完成机械能到电能转换的释放能量过程。整个飞轮储能系统实现了电能的输入、储存和输出过程。

热储能是指热能被储存在隔热容器的媒介中，需要的时候可以转化为电能，也可以直接利用。热储能分为显热储能和潜热储能。由于热储能储存的热量可以很大，所以可以用于可再生能源的储能。热储能的不足之处是需要各种高温化学热工质，应用场合比较受限。

镇江东部电网储能示范项目

电网侧储能项目

虚拟电厂

虚拟电厂不是一个真实存在的电厂，而是一个虚拟化的、起到电厂作用的"黑匣子"。它将相对分散的源网荷储等集成起来，对外等效成一个可控的电源，既可以作为"正电厂"向系统供电，也可以作为"负电厂"消纳系统的电力。虚拟电厂利用先进信息控制技术将分布式电源、储能系统、可控负荷、电动汽车等元素进行聚合和协调优化，参与电力市场和辅助服务市场，未来发展前景广阔。

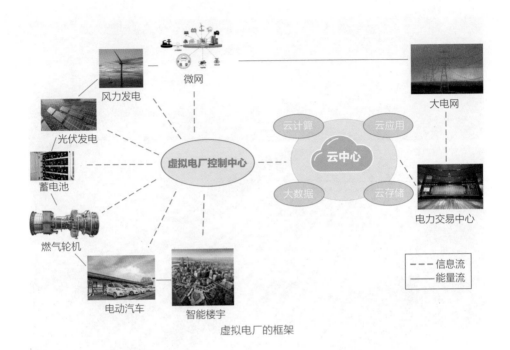

风力发电
微网
大电网
光伏发电
云计算
云应用
蓄电池
虚拟电厂控制中心
云中心
大数据
云存储
燃气轮机
电力交易中心
电动汽车
智能楼宇

- - - 信息流
—— 能量流

虚拟电厂的框架

分布式能源和微电网

分布式能源是一种建在用户端的能源供应方式，可独立运行，也可并网运行，是以资源、环境效益最大化确定方式和容量的系统，将用户多种能源需求，以及资源配置状况进行系统整合优化，采用需求应对式设计和模块化配置的新型能源系统，是相对于集中供能的分散式供能方式。

发展分布式能源是能源转型的合理选择。分布式能源系统作为一种区域性能源供给系统，主要建设在配电侧，具有因地制宜、就近配套、就近取材、即发即用的特点。每年用电高峰时节电网负担也会过大，而分布式能源系统的建设具有削峰填谷、缓解电力紧张的优势。在极端灾害或传统输配体系事故发生之后，分布式能源在一定程度上可确保当地基本能源的供给，切实提高供能可靠性，也提升整个能源系统的安全性。

分布式光伏

微电网是指由分布式电源、储能装置、能量转换装置、相关负荷和监控、保护装置汇集而成的小型发配电系统，既可以并入外部电网运行，也可以孤立运行。微电网是一个可以实现自我控制、保护和管理的自治系统，依靠自己控制及管理功能实现功率平衡控制、系统运行优化、故障检测与保护、电能质量治理等方面的功能。

能源互联——电力引领未来智能生活

能源互联网

畅想一下未来，互联网将电动汽车、家用电器、屋顶光伏、计算机、手机等关联起来，每个人的能源消耗、生活需求和碳排放指标都转化为数字坐标，每一秒钟的各种生活需求都能被统计起来去导向最有效的生产供给，生活会是什么样？可能你在平板电脑上手指轻划，就把自家屋顶多余的光伏发电电能卖给附近准备给电动汽车充电的陌生人；也许写字楼会议室的空调温度随时依据会议活动类型、参加人数和实时电价进行动态调整；也可能大山顶、沙漠中、大海上安装的各种新能源发电设备通过程序由各国人民竞拍投资、自由交易。这些场景是不是如梦幻一般？而支撑这些场景实现的就是能源互联网。

能源互联网类似信息互联网，所有的能量信息（分布式的生产、供应、消耗）都可以通过网络互联，各类能源以商品的形式通过互联网平台进行交易、分配、利用。各种终端用能都可以用电能替代，以电为中心是能源发展的大趋势。因此，能源互联网是以电为中心，将先进的信息通信技术、控制技术与先进的能源技术深度融合，通过煤、油、气、电力、热力等各子系统之间相互耦合，互补运行，实现整体协同和智能控制的先进能源系统。

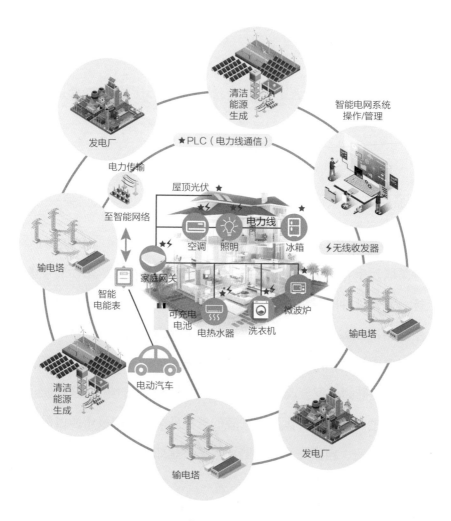

清洁能源生成

发电厂

智能电网系统操作/管理

★PLC（电力线通信）

电力传输

电力线

至智能网络

屋顶光伏 ★

空调　照明　冰箱

无线收发器

家庭网关

智能电能表

可充电电池　电热水器　洗衣机　微波炉

输电塔

清洁能源生成

电动汽车

输电塔

发电厂

输电塔

能源互联网示意

　　能源互联网是一种有机融合的能源系统、信息系统、社会系统。能源互联网的参与者以及生产、输配、存储、消费等行为达到高度的网络化、自动化和智能交互。能源互联网是分布式的，分布式能源将实现大量并网，形成分散的能源节点，与集中式的能源站点共同支撑起整个能源网。能源互联网还是去中心化的，它改变了以集中调度和分配为主的方式，采取更加有序、灵活、高效的方式管理和控制各种设备，能源节点既是生产者也是消费者，能源流动呈现自发、双向和网络化的特征，在全网范围内实现负载自动平衡。能源互联网以能源互联互通为方向，智能灵活、多能互补，是能源发展的必然趋势。

小贴士

耦合和分布式能源

耦合：两个或两个以上的电路构成一个网络时，若其中某一电路中电流或电压发生变化，能影响到其他电路也发生类似的变化，这种网络叫作耦合电路。耦合的作用就是把某一电路的能量输送（或转换）到其他的电路中去。

分布式能源：是指以小规模、分散式为特征，安置在用户附近、以就地消纳为主，向用户提供多种能量形式的综合利用系统。分布式能源系统可以利用天然气、风能、太阳能、生物质能、地热能等多种能源形式，向用户提供热、电、冷等多种能量形式。分布式能源系统作为集中能源供应系统，尤其是大电网的有效补充，能够优化资源配置，减少输送环节的损耗，同时确保能源供应的安全和稳定。现代分布式能源系统继承了多种高新技术，因此分布式能源系统的完善在很大程度上依赖于分布式能源技术的发展。

智能电网

说起智能电网，相信很多人会把智能电网和计算机、相关的控制软件结合起来，不少人会认为智能电网就是利用计算机软件对电网进行智能化的管理。事实上，智能电网的内容远不止如此。智能电网，简单来说就是电网的智能化，也被称为电网"2.0"，它是建立在集成的、高速双向通信网络的基础上，通过先进的传感和测量技术、设备技术、控制方法以及决策支持系统技术的应用，实现电网的安全、可靠、经济、高效、环境友好和使用安全的目标。

在智能电网中，电网不再是冷冰冰的铁塔和不会说话的变压器，每个电网用户都将成为电力系统不可分割的一部分，电力消费会像手机话费一样可以选择性地消费，用户可以实时了解用电数据，根据实时电价、电网状况、计划停电信息等完全个性化地选择合适的用电方案，通过手机上的软件，就能远程遥控家中电器，随时了解某个电器在某一段时间内的用电量。智能电网通过传感器采集各种开关信号量、遥测信息，并实时更新，精确地掌握设备运行状况，有效进行故障预判，当发现电网中有故障设备时，将以最快的速度从电网系统中隔离出来，并且在几乎自动化的状态下实现系统自我恢复，电网可靠性将大大提高。

智能电网会简化新能源发电入网的过程，通过改进的互联标准使不同容量、所有电压等级的发电和储能系统"无缝接入、即插即用"，风电、太阳能发电等清洁能源因为更容易接入电网，从而被更广泛地应用。

如果你想了解智能电网会带给我们一个什么样的未来，雄安新区就是一个窗口。作为中国"千年大计"的雄安新区，它的规划和设计几乎从零开始。雄安新区"100%清洁电源保障、99.999%高供电可靠性，电能终端消费比重超过50%"的电网规划高度契合新区"建设绿色智慧新城"的发展目标，智能电网正与"大云物移智链"等各种技术一起，打造一座未来智慧之城。

案 例

雄安城市智慧能源管控系统

在雄安市民服务中心，城市智慧能源管控系统成为综合能源智慧管控的"大脑"，它具备综合监测、智慧调控、分析决策、智能运维和运营支持五大功能模块，能够将大数据、物联网、人工智能、边缘计算等技术与城市能源管理深度融合，实现对电、水、气、热等多种能源的集中监控和智慧调度。这个"大脑"不仅能依据数据更合理地分配多种能源，还能对每栋建筑进行能耗分析，并给出更加科学的综合用能方案，引导客户形成良好用能习惯。

稳定运行两年来，城市智慧能源管控系统通过智慧运维、多表集抄等手段，降低园区运维成本约10%；通过对园区冷、热产耗平衡的精准调控，为园区节约冷/热供给量5%～10%；通过室内环境的监测以及对空调面板的远程控制，实现对建筑的能效管理，节约电量约10%。而以更长久的时间单位来看，该系统通过对设备状态的多维监测、深度分析及智能化运检，可以提前预知设备运行状态，有效减少维护成本，显著提升设备使用寿命。

雄安市民服务中心的城市智慧能源管控系统

在这座与电息息相关的未来之城，智能生活已触手可及。直流智慧照明控制系统可以实现分时段调节路灯亮度，并通过经纬度自动判断开关时间，相比传统的交流供电系统，这种新型的照明控制系统具有设备使用寿命长、耗能低、应用灵活、控制方便的优势。

电力不仅使城市生活更加节能高效，也赋予农业生产智慧的"大脑"。不断应用新技术、新设备，提升装备科技含量的农村智能电网，将实现乡村生产生活过程中多种能源的灵活接入，提升能源网络的资源配置，实现能源的精准、自动控制，为农业生产、农村生活提供安全、经济、可靠的电力保障，从而提升乡村用能效率，提升安全保障和智能互动能力。江苏江阴智慧农业项目就是智能电网在农业生产中应用的典型。

案 例

江苏江阴智慧农业项目

江苏江阴智慧农业项目通过建设智能大棚系统、地源热泵系统、绿色能源系统以及智慧共享平台，改变了原有作业方式和用能结构，使农业种植更智能、更绿色。

智能大棚系统通过温室控制器，将采集到的大棚温湿度、土壤墒情、气象参数、二氧化碳浓度、光照强度、水质水量等数据与设定值进行比对，自动对大棚内温湿度等进行调整。

地源热泵系统将地源热泵控制器接入系统后台，通过设定温度临界值，实现对地源热泵的远程控制，全程自动对办公区域和玻璃温室大棚进行供暖供冷，确保大棚温度均衡。

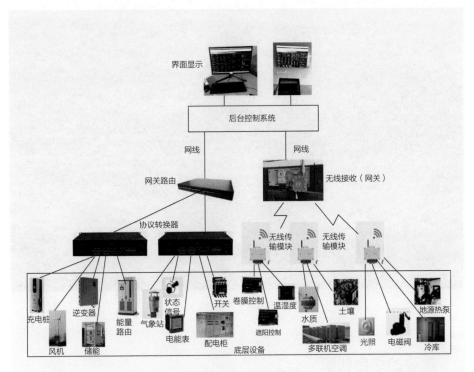

江苏江阴智慧农业项目结构图

绿色能源系统为农场提供大量的绿色能源,其中光伏及风力发电系统年均发电量约为20万千瓦·时,同时通过储能装置、能量路由器进行削峰填谷、调频调压,实现农场内的物流电气化。

智慧共享平台依托低功率远程通信技术进行数据传输,设立大屏监控和展示中心,采用可视化集中管理方式全面掌握农场电力微电网,细分负荷的用电情况及冷热负荷情况,当捕获到异常耗能时,制订节能用电策略,为农业生产提供智能的辅助决策,提高生产效率和产出。

电网互联互通

能源的综合利用

能源保障是文明演进的根本条件。人类学会利用能源并推动文明演进是一个无比漫长的过程。从薪柴到水车、风车、马车和帆船，再从蒸汽机到内燃机乃至发电机，我们得温饱、涉江河、游寰宇、探星辰，通过一代又一代的智慧积累与技术探索，不断转换能源形式，提高能源利用效率，开发利用新的能源，将人类文明推向了更高层次。

综合能源服务

综合能源服务是一种新型的为满足终端客户多元化能源生产与消费的能源服务方式，多种新能源形式结合大数据、云计算、物联网等技术，实现多能协同供应和能源综合梯级利用，从而提高能源系统效率，降低用能成本。

　　这种新型能源服务方式，将打破不同能源品种单独规划、单独设计、单独运行的传统模式，实现横向"电、热、冷、气、水"能源多品种之间，纵向"源网荷储用"能源多供应环节之间的协同，以及供给侧和消费侧的互动。

　　我国的综合能源服务产业聚焦综合能效服务、多能供应服务、清洁能源服务和新兴用能服务四大重点领域，深耕能效提升、多能供应、分布式新能源、专属电动汽车、港口岸电服务、源网荷储协调互动等业务领域。

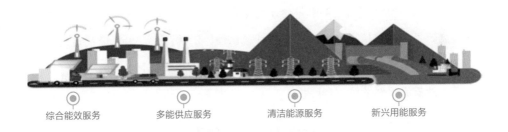

综合能效服务　　　多能供应服务　　　清洁能源服务　　　新兴用能服务

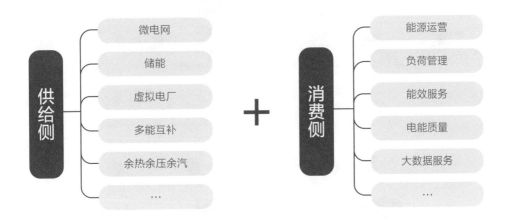

综合能源服务的细分业务领域

![案 例]

上海电力大学智慧综合能源管理系统

上海电力大学利用临港新校区的风、光资源，以智慧综合能源管理系统为核心，综合应用储能、多能互补等先进的能源技术，构建了发用一体化的绿色智能微电网系统，实现清洁能源集约高效利用和源网荷协同运行。其中，智慧综合能源系统建设以智能能源管控系统为主线，实现与校园微网发电系统、建筑群能效监测管理系统、太阳能＋空气源热泵热水系统、室内照明智能控制系统等的信息集成、数据共享，满足学校对新能源发电、园区用电、园区供水等综合能源资源的动态实时监控与管理，对各项能源资源利用情况进行统计、分析、比较、汇总，形成对能源使用效率和节能量的综合评估，提供实时能源统计数据，并根据管理者的需求，实现各种节能控制系统综合管控。

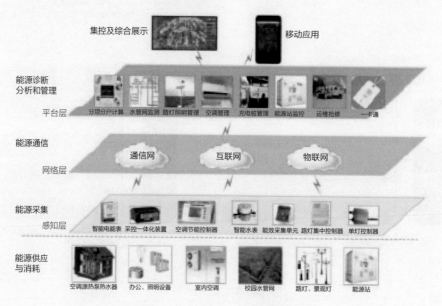

上海电力大学智慧综合能源管理系统架构

需求响应

需求响应是指能源用户针对市场价格信号或者激励机制做出响应,并改变正常能源消费模式的市场参与行为。需求响应有效整合客户侧可控负荷,具有降低短时尖峰负荷、缓解电网调峰调差压力、促进新能源消纳、减少电网投资等优势,正逐步向市场化、实时化、信息化方向转变。精准把握新能源的间歇性、波动性特点,做好相应的需求响应管理,将有效提高新型电力系统的灵活性。

案 例

国内首次"虚拟电厂"需求响应行动

2021年"五一"期间,国家电网有限公司在上海开展国内首次基于虚拟电厂技术的电力需求响应行动,通过对用电侧的精准管控,实现智慧减碳。

上海电网是典型的超大城市电网,白天和夜晚的用电负荷峰谷差较大,这给电网稳定运行带来一定挑战。有别于传统的有序用电和"刚性"调控负荷,电力需求响应手段突出"柔性",即通过引导用户主动地在电网高峰时段削减用电负荷,或者在低谷时段增加用电负荷,从而对电力负荷进行再平衡,解决电力供需矛盾问题。

"五一"假期后的第一个工作日,下午2点是上海城市用电的高峰时段。在一栋写字楼里,在不影响正常运转的情况下,其中几台空调主机和水泵临时关闭,部分电梯暂停,就连地下车库的照明也部分熄灭。这并不是停电,而是上海通过能源互联网技术,精准地将当时没有使用的电力设施有序暂停,进行虚拟电厂需求响应行动。

所谓虚拟电厂，就是距离市中心十多千米外的上海市电力需求响应中心对用电侧进行精准管控，把可以节约出来的用电停下来，腾出负荷空间给需要的地方。虚拟电厂不仅可以在用电高峰时段削峰，还可以在夜间用电低谷时段填谷，通过多用电来消纳夜间发的水电、风电等清洁能源。

仅这一栋楼，在不影响生产生活用电的情况下，一次性就腾出了500千瓦的负荷。同一时间，包括工业企业、商业写字楼、储能电站、电动汽车充电站等在内的11536家电力用户参与行动。聚沙成塔，腾出来的负荷达到15万千瓦，成为一个虚拟的发电厂。

5月6日凌晨1点开始，浦东区的某座公交车充电站里，150台智能充电桩同时开启集中充电，旁边的商务楼里，冰蓄冷中央空调系统开始制冰。三个小时的时间里，有12837家电力用户参与了虚拟电厂响应行动，最大填谷负荷达到了50万千瓦。按照碳排放折算，可以减少碳排放400吨以上。

虚拟电厂的需求响应，对于整个能源的安全保障和效率提升，能够提供非常多的支持，支撑绿色转型发展。

电能替代

电能替代是在终端能源消费环节，使用电能替代散烧煤、燃油的能源消费方式，如电采暖、地源热泵、工业电锅炉（窑炉）、农业电排灌、电动汽车、靠港船舶使用岸电、机场桥载设备、电蓄能调峰等。实施电能替代对于推动能源消费革命、落实国家能源战略、促进能源清洁化发展意义重大，有利于构建层次更高、范围更广的新型电力消费市场，扩大电力消费，提升我国电气化水平，提高人民群众生活质量。同时，带动相关设备制造行业发展，拓展新的经济增长点。

三峡坝区绿色岸电

长江流域水系发达、港口码头密布，是全球运量最大、最为繁忙的内河航道，为沿江地区经济发展作出了巨大贡献。但是，长期以来，船舶靠港的燃油污染物排放对大气和水质造成了较大污染，危害了长江流域生态环境，成为建设"绿色生态港"的拦路虎。

相比陆地上小汽车"冒黑烟"产生的污染，靠港船只拖着的"黑尾巴"却很少有人注意。这些"黑尾巴"就是由渣油和柴油调和而成的重值燃油燃烧的产物，其含硫量约是普通汽油的100~3500倍。尤其靠港后，辅机低负荷运行，污染物排放量远超正常航行。一艘大型国际邮轮靠港停泊1小时的硫化物排放量，约等于十几万辆机动车行驶1小时的排放量。

近年来，沿江省市推进生态环境整治，促进经济社会发展全面绿色转型。要让这条黄金水道"绿色淌金""清洁流银"，船舶、港口、码头尤为重要。港口"戒烟"，岸电"上船"，清洁的电能为往来船只和码头的各类设备注入绿色电能。

港口岸电，就是把岸上电力提供到靠港船舶使用的整体设备上，以替代船上自带的燃油辅机，满足船上生产作业、生活设施等电气设备的用电需求，减少噪声和环境污染。

截至2020年10月底，我国东部沿海地区29个重点港口码头已建成投运岸电设施97套，京杭大运河沿线码头和水上服务区共建成投运岸电设施195套，基本实现全覆盖。

小贴士

港口岸电到底改变了啥？

上游——对内河邮轮来说，岸电较燃油有明显的经济优势，能在一定程度上缓解经营压力。船东主动进行船体电力系统改造，以便更好地接入岸电，节省成本。

中游——统一规划设计港口配电网，纳入电动卡车、岸基供电等电能替代新需求，建成以纯电动封闭式皮带长廊为代表的"全电码头"，促进港口能效提升。

下游——以岸电为支点，电工装备制造商、设备供应商和电力系统服务商合力用技术进步引领船舶业智慧化、智能化发展。目前，长江流域岸电桩所使用的主控、通信、安全等芯片已全部实现了国产化替代。

　　未来，将建立起以电力为中心的综合能源系统。风电、太阳能发电等清洁的可再生能源与煤电等形成互补，集中式与分布式能源供应相结合，飞速发展的信息技术和能源领域各项技术相互融合，能源系统将变得更加"智慧"。电力将为经济社会发展铺就一条便捷、高效、绿色、低碳的"高速公路"！

参考文献

［1］ 中国电力企业联合会. 中国电力工业史：综合卷[M]. 北京：中国电力出版社，2021.

［2］ 国家电网公司. 户户通电　点亮生活[M]. 北京：中国电力出版社，2007.

［3］《中国电力百科全书》编辑委员会，《中国电力百科全书》编辑部. 中国电力百科全书：输电与变电卷[M]. 3版. 北京：中国电力出版社，2014.

［4］《世界大型电网发展百年回眸与展望》编撰委员会. 世界大型电网发展百年回眸与展望[M]. 北京：中国电力出版社，2017.

［5］ 刘振亚. 智能电网技术[M]. 北京：中国电力出版社，2010.

［6］ 中国电机工程学会，北京电机工程学会. 国家风光储输示范工程　储存风光　输送梦想：智慧调控[M]. 北京：中国电力出版社，2018.

［7］《中国电力百科全书》编辑委员会，《中国电力百科全书》编辑部. 中国电力百科全书：电力系统卷[M]. 3版. 北京：中国电力出版社，2014.

［8］ 中国电力企业联合会. 改革开放四十年的中国电力[M]. 北京：中国电力出版社，2018.

［9］ 中国电力发展促进会核能分会. 百问核电[M]. 北京：中国电力出版社，2016.

［10］《中国电力百科全书》编辑委员会，《中国电力百科全书》编辑部. 中国电力百科全书：火力发电卷[M]. 3版. 北京：中国电力出版社，2014.

［11］ 王圣，黄亚继，陈奎续，等. 我国燃煤电厂超低排放：政策、技术与实践[M]. 北京：中国电力出版社，2020.

［12］ 中国电力企业联合会. 中国电力行业年度发展报告2020[M]. 北京：中国建材工业出版社，2020.

［13］ 华志刚. 发电行业人工智能应用[M]. 北京：中国电力出版社，2020.

［14］ 北京电机工程学会，和敬涵. 智慧生活"电"亮智能家居[M]. 北京：中国电力出版社，2017.

［15］ 刘亚洲，庞彦娟. 绿色电力赋能绿色雄安[J]. 能源评论，2020（S01）：23-25.

[16] 国家电网有限公司市场营销部（农电工作部）. 乡村电气化实践[M]. 北京：中国电力出版社，2020.

[17] 孙宏斌，等. 能源互联网[M]. 北京：科学出版社，2020.

[18] 陈柳钦. 能源文明需走智慧之路[N]. 中国城市报，2016-11-7.

[19] 杨倩鹏，林伟杰，王月明，等. 发电技术现状与发展趋势[M]. 北京：中国电力出版社，2018.

[20]《百问三峡》编委会. 百问三峡[M]. 北京：科学普及出版社，2012.

[21] 戴会超. 三峡工程科技创新与综合效益综述[J]. 水电与抽水蓄能，2019，5（2）：1-7.

[22] 水电水利规划设计总院，中国电力建设股份有限公司，中国水力发电工程学会. 中国水力发电技术发展报告（2018年版）[M]. 北京：中国电力出版社，2020.

[23] 张博庭. 中国水电70年发展综述[J]. 水电与抽水蓄能，2019，5（5）：1-6，11.

[24] 中国电机工程学会，北京电机工程学会. 国家风光储输示范工程　储存风光　输送梦想：联合发电[M]. 北京：中国电力出版社，2018.

[25] 中国电机工程学会，北京电机工程学会. 国家风光储输示范工程　储存风光　输送梦想：认识设备[M]. 北京：中国电力出版社，2018.

[26] 中国电机工程学会，北京电机工程学会. 国家风光储输示范工程　储存风光　输送梦想：智能输电[M]. 北京：中国电力出版社，2018.

[27] 中国电机工程学会，北京电机工程学会. 国家风光储输示范工程　储存风光　输送梦想：绿色环保[M]. 北京：中国电力出版社，2018.

[28] 中国电机工程学会，浙江省电力学会. 能源知识绘：电从哪里来[M]. 北京：中国电力出版社，2019.

[29] 中国电机工程学会，浙江省电力学会. 能源知识绘：可再生一族[M]. 北京：中国电力出版社，2019.

[30] 中国电机工程学会. 太阳能——金色的能量[M]. 北京：中国电力出版社，2016.

[31] 四川省电机工程学会. 电力安全知识读本[M]. 北京：中国电力出版社，2017.